极简主义

小房间住出大空间

How to Manage
Your Home

Without Losing
Your Mind

〔美〕丹娜·K. 怀特 ——— 著

潘焕明 ——— 译

民主与建设出版社

· 北京 ·

© 民主与建设出版社，2020

图书在版编目（CIP）数据

极简主义：小房间住出大空间 / （美）丹娜·K.怀特著；潘焕明译. —北京：民主与建设出版社，2018.4
　书名原文: How to Manage Your Home Without Losing Your Mind
　ISBN 978-7-5139-1865-7

　Ⅰ.①极… Ⅱ.①丹… ②潘… Ⅲ.①家庭生活—基本知识 Ⅳ.①TS976.3

中国版本图书馆CIP数据核字（2017）第311110号

著作权合同登记号：图字01-2018-0265

极简主义：小房间住出大空间
JIJIAN ZHUYI: XIAO FANGJIAN ZHUCHU DA KONGJIAN

出 版 人	李声笑
著　　者	［美］丹娜·K.怀特
译　　者	潘焕明
出 品 人	一　航
出版统筹	康天毅
责任编辑	程　旭
特约编辑	袁旭姣
封面设计	SUA DESIGN
版式设计	林晓青
出版发行	民主与建设出版社有限责任公司
电　　话	（010）59417747　59419778
社　　址	北京市海淀区西三环中路10号望海楼E座7层
邮　　编	100142
印　　刷	河北鹏润印刷有限公司
版　　次	2020年2月第1版
印　　次	2020年2月第1次印刷
开　　本	880mm×1230mm　1/32
印　　张	8.5
字　　数	196千字
书　　号	ISBN 978-7-5139-1865-7
定　　价	45.00元

每一个房间都是你喜欢的样子

此书献给我的丈夫——鲍勃。

谢谢你包容我这种别样的疯狂。

生活有了你如此欢乐。

目 录
C O N T E N T S

谁需要这本书？ ······ 001

Part A 认清现实

> 我仅仅需要找到对我管用的法子，
> 来照顾我独一无二的房子。

Chapter 1 放弃幻想 ······ 006

Chapter 2 最好的方式也是最坏的 ······ 010

Chapter 3 打扫房子并不是经营项目 ······ 018

Part B　整理与自己的关系

> 好的生活习惯就是匹配和舒适。
> 你的"懒癌视角"会随着你培养的每个习惯而退散，
> 你的家也会因为你的每个行动而改善。

Chapter 4　从哪里开始 ······ 026

Chapter 5　关于习惯的真相 ······ 036

Chapter 6　真正的奇迹发生在晚饭之后 ······ 041

Chapter 7　预先做好的决定 ······ 044

Chapter 8　不要第一天就歧视一个习惯 ······ 049

Chapter 9　战胜时间感知意识障碍 ······ 054

Chapter 10　让人舒心的特殊日子 ······ 060

Chapter 11　无法终结的故事 ······ 067

Chapter 12　拖延站点 ······ 075

Chapter 13　晚饭计划 ······ 084

Part C 整理与物的关系

> 东西变少是一件美好的事情。
> 它意味着减少碰撞，减少牵绊，
> 让生活更简单，让我们的情感更独立。

Chapter 14 脱离掌控范围的东西都是杂物 …… **094**

Chapter 15 东西变少是一件美好的事情 …… **101**

Chapter 16 从简单做起 …… **109**

Chapter 17 收纳和限度改变你的人生 …… **114**

Chapter 18 杂物堆放的上限 …… **123**

Chapter 19 可见性原则 …… **134**

Chapter 20 两个很有用的问题 …… **139**

Chapter 21 不会制造混乱的收纳方法 …… **146**

Chapter 22 头疼、悔恨和重新清理 …… **158**

Chapter 23 感情类杂物 …… **163**

Chapter 24 杂物引起的内疚感 …… **168**

Chapter 25 价值陷阱 …… **179**

Chapter 26 清理杂物的动力 …… **189**

Part D　整理与家人的关系

> 鼓励和尊重家人，建立规矩，
> 做你力所能及的一切来帮助他们。

Chapter 27　不要牺牲与家人的关系 ⋯⋯ 194

Chapter 28　关于特殊情况的几点建议 ⋯⋯ 205

Chapter 29　持久的改变 ⋯⋯ 213

附录　28 天改变你的家 ⋯⋯ 222

致谢 ⋯⋯ 248

本书赞誉 ⋯⋯ 250

How to Manage Your Home
Without Losing Your Mind

谁需要这本书？

亲爱的读者，感谢你拿起这本书（可能你还在翻阅前面几页决定要不要买）。

还是让我来帮你做决定吧。不是所有人都需要这本书。如果你买家居整理类书籍单纯是因为打扫和整理让你很兴奋，那么你并不是我的目标读者。如果你的房子大多数时间都准备好了招待意想不到的客人，那么你也不太需要这本书。

如果你真的不能理解为什么有些人能忍受水槽里的脏盘子过夜，那么现在就合上书去看别的东西吧。

好了，现在只剩我们了。我会跟那些真正需要这本书的人聊聊。

如果你晚上安睡时完全意识不到厨房里已经堆满了脏盘子，但第二天早上一进厨房就被里面的惨状吓哭了，那么请接着读下去。

如果你曾经因为脏衣服堆得太多而动过把它们捐出去的念头，那么你需要这本书。

如果你经常被家务压垮，你曾一次又一次地试图改变操持家务的方式却没有成功，你不知道自己还有没有精力再尝试了，那么这本书就是为你准备的。

这是一本我从没想过自己真会下笔去写的书。如果六年前你告诉我，有一天我会写一本关于打扫和整理的书，我一定会当面笑翻。

大声地，笑很久。

笑完之后，我会很唠叨地（而且很说教地）跟你解释为什么我永远不会写这本书。我可能会跟你扯这个是我的"挣扎"和"个人挑战"，然后明确地说，像我这种追求本真的人，永远不会碰这样一个话题。

因为这个话题让我觉得自己是个失败者，彻底的失败者。

为什么会有人用一整本书来写自己最挣扎、最无力的事情？

作为一个从戏剧教师转型的全职妈妈，我渴望能有个创作的渠道。当我意识到周围的妈妈不是在写东西就是在读别人写的东西时，我知道自己需要一个博客。事实上，我很固执于开博客这个想法。

固执是我的风格。

但一年半过去了，我还是没有开。因为我的房子就是个灾难。无论我多努力，这个灾难还是不断魔幻地重现。

我并非在说谁的房子是个"狗窝"就一定没法开博客，但我就是不行。我太了解自己和自己过往"脏乱差"的历史，我不能再多一件事来让自己分心。

而且我不想做个骗子。如果我把自己当母亲的经历和对家庭的热忱写得特别浪漫美好，万一别人发现我家的样子，我害怕自己脑门上会被贴上"骗子"的标签。我知道我可以关掉博客，但我又不屑那样做。

即使有了"我要开博客"的新动力来保持房子整洁，我还是一直失败。在一个灵光乍现的绝望时刻，我建了一个博客叫"懒癌患者的自白"，完全匿名，单纯用来练手，这样我就有理由写博客了。我打算借此来了解写博客的乐趣，同时又能专注于保持房子整洁，直到它完全处于我的掌控之中。

我以为这项实验就能坚持三四个月，最多。

现在我所谓的"懒癌博客"已经坚持了快十年了。跟整个世界分享我最深处、最黑暗、最尴尬的所有秘密细节，这是一个漫长而又时常痛苦的过程，但我很感恩。因为专注于书写我的房子，并分析其中的"为何这样"和"为何不这样"对我是有帮助的。它让我终于明白了。

我明白了怎么可以打理好我的家又不会把自己逼疯。

如果你还在读，还不能决定这本书适不适合你，那么我干脆这么说吧：

如果你想要最好的经验，我并不是最好的。如果你想知道怎么可以从上到下打扫房子，并且此生不用再清洁一遍，我也不是你的菜。如果你想找些小技巧来完善你已经几近完美的整理习惯，那就大步地往前走吧。

但是，如果你想搞明白到底怎么可以让你的房子脱离（并一直脱离）灾难状态，这本书就是为你而写的。如果你曾经因为自己"就是搞不懂"而掉过几滴痛苦和孤独的泪水，那么你找到同伴了。

因为我搞明白了。

这是关于所有理家建议的肮脏的小秘密：那是为有条理的人写的。他们的脑回路和我的不一样。

我知道改变需要什么。我知道是因为我经历过。我将要分享的每一个策略都在我的"懒癌实验室"测试并证实过。没有假设，只有真实。即使天塌下来，这些方法都管用。这里没有完美，没有童话，只有简明的教程，让你知道怎么可以控制好你真实生活中的房子。

啊，对了，我还挺幽默的。

认清现实

我仅仅需要找到对我管用的法子，
来照顾我独一无二的房子。

1 放弃幻想

幻想：我费尽力气让房子保持整洁，我长期处于混
　　　乱状态，而且还有整理障碍。
现实：我是懒癌患者。

在几乎所有的童话故事里，都有人在打扫卫生。大多数公主在故事里都会做家务，不过那都是在她们成为公主（或者知道她们要成为公主）之前。她们让打扫看起来是件有趣的事，还一边唱歌跳舞，好像灰尘永远不会让她们打喷嚏或者流眼泪。不过一旦王子来了，公主们的打扫生涯就结束了。她们的人生从此变成了参加豪华晚宴、坐在王座上以及向马车外的平民微笑等。

所以，基本在命运来临之前，她们都在打扫。一旦命运开启了，就没打扫什么事了。压根没有人再谈起、想起，甚至注意到打

扫这件事，然而所有东西都能奇迹般保持干净。

即使我告诉过你我知道生活不是童话，但就打扫这件事来说，我潜意识还是相信这个幻觉。我相信有一天打扫会变得简单，甚至我都没有意识到自己在打扫，我的房子也会保持整洁。

所以是什么打破了我的幻想？

就是我那一片凌乱的房子。

就是我作为一个成年已婚的全职妈妈负责打扫的房子。

我从出生开始就很邋遢。我小时候有个很脏的房间，小学时有张很脏的桌子，高中时有个很脏的柜子，大学时有个很脏的宿舍。

我跟室友合租过，也自己独居过。房间无一例外都很脏。

你别不相信。我说的不仅仅是没来得及收拾的脏衣服。我还是详细描述给你看有多脏吧。

我的居住空间乱得令人发指。很多人跟我保证他们不会被吓到，但还是被吓得花容失色，藏都藏不住。对了，我所有的大学朋友还都是演员。

我说的脏是那种地毯颜色都看不出的脏，脏到你都放弃了，或者直接用一次性餐具吃饭，用一次性杯子喝水。

然而即使这样，水槽还是在 99.9% 的时间里都堆满了脏盘子。

脏到你宁愿天寒地冻地在外面跟突然碰到的朋友聊天，都不愿意请他们进屋。

乱到即使"我被一堆东西绊倒了"，断了一根脚趾，都是可以理解的。

但当我跋山涉水穿过垃圾堆时，我还是相信有一天我不会再这么邋遢。我不担心这一天不会来临。当干净变得重要的时候，这一天就会来临。当我实现了当家庭主妇的人生梦想时，一切都会变得简单。我的房子会很整洁。

然而我被现实击败了，因为真的到了这么一天，我在自己的房子里，成了全职家庭主妇和妈妈，房子还是那么脏。

我很困惑。

我努力了。我像个"疯婆子"一样搞卫生，直到我累得倒下。但每当我窃喜自己的生活已经彻底改变时，抬头一看，房子又开始乱了。

我可以让我的房子保持整洁一周，有时两周，有时三周。但是生活总是意想不到，灾难又会卷土重来。

我在八年前建了一个博客叫"懒癌患者的自白"，那时，打扫对我来说终于变成了一件容易的事。在那一年绝望的一天，我开始了我的"懒癌疗程"。我之前拒绝使用"L"开头这个字。我常常告诉自己和别人，无论情况多坏，我都不是"懒人"。

但这个词偏偏是让我真正发生改变的词。

"懒癌患者的自白"这个名称很吸引人，也很直白。我准备好了要对自己诚实，也准备好了要重新掌握对房子的控制。

但不管怎么说，这个名称还是一种羞辱。字典定义得很清楚。如果你想跟一个人成为朋友，你不会叫他"懒人"。

这就是为什么这个词能奏效的原因。当我开始管自己叫"懒人"，我就再也不能美化我的"问题"了。我停止找借口了。

还有一个原因是我很庆幸自己用了这个糟糕的词。它帮助我找到同伴。当其他女性开始阅读我的博客，她们并没有被吓到。相反，她们很感激我。因为这些女性找到了跟自己有同样想法并为此挣扎的人而特别安心，她们很高兴知道自己不是异类。

我渐渐了解这些跟我境况相同的女性，我发现她们都是优秀的、有创造力和聪慧的人。她们都曾是艺术家、诗人、老师和音乐家。

我喜欢她们。

慢慢地，她们告诉我，她们特别认同和理解我的想法，我们的关系越来越好，我发现了我大脑里的"懒癌"部分（我鄙视的部分）和"创造力"部分（我爱的部分）其实是有关系的。意识到这两部分的直接关系，让我可以更好地接受"懒癌"其实是我自身的一部分。它就是我大脑的一部分。这个发现并不意味着我要把这部分去掉，相反，它让我不再觉得自己是个失败者，即使那些传统的家居整理建议（大多数是脑回路跟我不同的人写的）对我不管用。我仅仅需要找到对我管用的法子，来照顾我独一无二的脑回路和我独一无二的房子。

最好的方式也是最坏的

幻想：如果这件事值得做，就应该把它做好了。

现实：当我在努力寻找做一件事的最好方法时，我并没有做成任何事情。同时，问题变得越来越严重，当我最终着手解决时，它变得更难解决。

不是所有理想主义者都是懒癌病人，但大多数懒癌病人都是理想主义者。

我就是其中之一，一个理想主义者（当然，也是一个懒癌病人）。

我喜欢好的点子。给我一个难题，我的大脑马上就会转动起来，去寻找解决的办法。所谓效率、实用性这些东西，它们简直与我的灵魂深度契合。

在拥有自己的房子以前，我没法想象不去用最好的方式来做一件事情（任何事情，每一件大大小小的事情）。

我 16 岁的时候在一个夏令营做兼职。这个夏令营是世界上我最喜欢的地方。我如此爱它，以至于我在清洁马桶的时候都是笑着的。

我知道怎么彻底地清洁卫生间，在负责清洁卫生间的几周里，我每天都把它们清理得干干净净。我严格按照指示上的一个个步骤来完成，其他每项值日工作我也有相应的清单。为厨房拖地，为教堂掸尘，我没有跳过清单上的任何一道工序。

作为理想主义者的我非常开心。因为我正在学习用最好的方法来搞卫生，终有一天我会成为家务能手，笑傲江湖。我会把一切事情都办妥。在任何时候！我的意思是，在不必兼顾其他任何事情的情况下，我每天都能在两小时内把夏令营里的所有淋浴间都收拾得非常完美，那么，当我家里只有一个（或者两个）小小的浴室要清洁的时候，我当然也能搞得干干净净。

在那个夏令营里，我还在厨房工作过，包括洗碗和端盘子。在卫生课堂上，我们知道了让盘子自然风干要比用擦碗布擦干来得卫生。至少这是我能记住的部分。

我很确定当时的重点其实是，要注意用特别干净、完全干燥的布去擦碗。你也知道，让所有的碗都自然风干不太现实。

我却压根儿没有注意现不现实这个问题。不现实？那都是跟弱者们说的！我为什么要用一个不是最好的方法？

多年以后的今天，我就那么恰好地被裹挟在现实的洪流里，我意识到，正是我什么都要最好的愿望让我患上了"懒癌"。

看看这个：

这是什么？噢，就是一些烤盘、炖锅、汤锅、电影院里可循环使用的杯子（还有些别的）……它们在缓慢地自然风干。

自然风干一次得几个月。

事实就是：我让这些东西自然风干，因为自然风干是最好的办法。这是我从专业人士那儿学的。

加上自然风干意味着我不需要找擦碗布，我不需要一件一件地擦，我不需要马上把它们收起来。

我现在不能把它们收起来。它们在自然风干。搞定！

最好的方法也是最简单的方法。还有什么比这样更美好？

忘了说，自然风干是最好的方法，还包括要把碗收起来。但自然风干需要时间啊，不是一下子就能好的。没有人（尤其是认为自己非常有效率的人）有耐心看着碗干。

但当这些碗终于全都干了，它们已经成为我厨房风景的一部分。它们在那儿太久了，我的大脑不再把它们识别为碍眼的了。

下次我要用烤盘的时候，我就直接把它拿起来，用完，洗干净，放回那堆碗里风干，因为自然风干是最好的方式。

一切看起来都很正常，我一点儿都没有偷懒，直到有一天我感受到了一种无以名状的绝望。我站在厨房里，思考我为什么那么忧伤，突然我意识到，我是被整体的混乱状态惹恼了。

我摇了摇头，把脑子里"我是懒人"的念头赶走，下一秒，却发现水槽里有好大一堆碗没洗。

真是看着不刺眼但想着很窝心啊！

◎ 有时，想着用最好的方法反而让我一事无成 ◎

我曾经为自己有没有在用最好的方式来清洁马桶而焦躁，担心我会不会因此毁了我的健康，毁了环境，或者毁了我的孩子。就在我担心的过程中，马桶一天比一天恶心，也越来越难清理。所以，最后，当我不得不清洁马桶时（因为实在太恶心了，而且奶奶马上要过来），我只能用一些听起来比我之前用的更可怕的清洁产品。

这是个循环，还是恶性的。

当我告诉自己要找到附近最好的回收方式时，我回收箱里的东西早就满得溢出来了，变成了回收"场"。塑料瓶和旧报纸最终和其他不能回收的垃圾混到了一起。

现在它变成了一个工程，一个令人沮丧的巨大的工程，我只能把它越拖越久，越拖越大，越拖越愁人。

事情总得以某种方式做好。如果有更好的方法，为什么要用这种呢？然而，即使有一个更好的方法，我会有资源和时间那样做吗？

上一段中有三个词我现在认为是标志词："得""要""会"。标志着事情永远不会做成。当这些词出现在我脑海里的时候，我需要问问自己："我要怎么做？"

这个世界上所有的"得""要""会"都不能帮我把卫生间清洁好。知道什么可以吗？就是行动（讲真话，这本书真是太有深度了）。我都把自己叫"懒人"了，我没有别的选择，只能直面现实。然而随之而来的对现实的热忱，成为我"懒癌疗程"的重要因素。我接受了我在家里一直采用的方式并不奏效这个现实。光想并不能干成事情，唯一可以带来改变的是"做"。搞卫生不靠手上的工具是不是最好的，能用就行。

慢慢地，伴随着很多痛苦，我现在能更轻易地分辨什么是"很棒的想法"和什么是"在我家里切实可行的方法"。有了成功和进步，我现在愿意执行现实的想法，而不再去纠结那些不可能发生的事了。

◎ 告诉你一个不可能发生的例子 ◎

我的朋友劳伦是"我就是那个姑娘"的博主，她在上面分享了很多省钱的经验。我从她那里看到过一个很棒的技巧，就是在易贝上卖用完的厕纸卷。

我没有开玩笑。我查过，是真的。在过往的拍卖交易里，买家通常用 5~6 美元买 50~100 个用完的、干净的厕纸卷。

对于每天都要用厕纸的人来说（但愿其他人也是），这将会是天上掉钱啊！我可以把那些厕纸卷攒起来，包好，寄给出钱最高的买家！耶——我得马上做起来。

（标志词警示："得""会""可以"——出现在同一个自然段里。）

为了让大家明白把时间和精力集中在"切实可行的事情上"的重要性，我们来想象一下，在"懒癌患者"的世界里事情会怎么发展：

我在卫生间的壁柜里放了一个小盒子。"我把它放这儿。这样，等我们用完了一卷厕纸，就可以直接把纸芯丢进去了！"

我对自己微微一笑，想象着某个傻子就要花钱来买我的垃圾了。

三周以后，我因为一个"跟要卖用完的厕纸卷完全无关"的理由打开壁柜。

我暗想（很气愤的语气）："谁把那个盒子放这儿的！"我随手把盒子拿出来，然后记起了我的回收赚钱大计。是的，我忘了。

我把家人叫到卫生间。"好了，大家听着，每当你们用完一卷厕纸，把纸芯放到这个盒子里。我们攒起来卖出去！"

大家大眼瞪小眼。

老公虽然很惊讶，但还是支持我。"你们听到妈妈的话了，不要把空纸卷扔了。"等孩子们都走了，他问我这是怎么回事。我解释了一下，他就离开了卫生间，边走边摇头。

一个月后，我在盒子里找到了两个空纸卷，我放弃了。

尽管有成千上万的好习惯我们没法养成，但我们在把用完的厕纸卷直接丢进垃圾桶这件事上还是做得很棒的，完全不会记得妈妈说过的话。

事情也有可能发展成这样：

我们在网上卖厕纸卷给陌生人赚了不少钱，正好明年暑假可以用来旅行，大家非常开心。然后全家都行动起来攒厕纸卷，我们攒了一箱又一箱，直到装不下了，甚至一打开壁柜门就会掉出来。

我们攒了越来越多，越来越多。卖掉它们的时间终于到了。

但我需要一个相机拍照，还需要找个箱子来装下所有纸卷，又不能压坏（因为我们之前的盒子不够装了）。

我还想不起来易贝的密码是什么。

我可以解决掉所有这些问题，但我需要等到一个合适的时机。等到我有心力去一次性解决它们，等我……有更多的时间。

与此同时，我们攒了越来越多的空纸卷，我变得越来越压力山大。解决这件事变得越来越不现实了。

我们不能用那个壁柜了，因为里面塞满了空纸卷。

这些场景可能看着很夸张，但在我家里真的就会演变成这样。我很清楚。

因为我清楚，所以我选择面对现实。

现实就是，虽然有些人能靠做这个赚不少钱，但对我来说，卖掉垃圾比扔掉麻烦多了，不值得，还会让我的房子变得更难收拾。

作为一个"懒人"，我不可以做任何让我的房子变得更难收拾的事情。

反过来，我会这么看待这则信息："哇！太赞了！所以真的有人在易贝上卖用完的厕纸卷？下次学校或教堂需要的时候，我知道从哪儿买了！我们没有理由自己攒一箱箱厕纸卷，完全没有！"

◎ 在最好的方法上失败让我失去做好事情的信心 ◎

虽然认识到了卖厕纸芯和让碗风干几个月都是不理性的想法，我还得从更加微妙但也更加重要的方面来改变我的理想主义。

在家务方面，我需要放弃的最大梦想，就是我坚定不移地相信我得找到一种对的方法来打扫我的房子。

啊，那个难以捉摸的方法，我所有难题的答案。如果我能找到那个完美的方案，我的房子就能一直保持整洁。

我还有个坏消息。

你可能连读这本书五遍，你的房子还是不会变得比你看书之前更加干净。

方法不能帮你打扫房子，得你自己去打扫啊。

在我阅读洗衣服的系统流程，或者查找保持厨房整洁的最好方法，或者询问邻居多久拖一次地板时，我的房子正在悄悄地变乱。

变得更烦人。

更糟糕的是，我以为自己找到了奏效的办法，但最终都会失效，或者是我失去动力。但我自以为是"方法"在打扫我的房子，于是我就把责任都推到方法上——然后踢掉那个方法。

每次我踢掉一种新方法，我就会想起之前被我踢掉的那些失败的方法。然后我对找到一种好方法的希望就会破灭一点儿。

我在自我厌恶和愤世嫉俗的坑里越陷越深，觉得自己永远都不可能找到合适的方法了。

但问题不是找到方法，而是打扫房子啊。

3 打扫房子并不是经营项目

幻想：总有一天，我要用整整一个月来打扫房子，
我会把它彻底打扫干净和收纳整齐。除非我
确定自己能做完，否则没有必要开始。

现实：家务没有做完的一天，从来没有。

我喜欢经营一个好的项目。

我喜欢那些计划阶段、准备阶段、创作阶段和收尾阶段。

我以前给幼儿园的小孩儿上戏剧表演课。我在学校的办公室一
团糟，但我在舞台上的成果都堪称完美。演员会在第一次碰面就拿
到详细的时间表。道具都会在卡纸上标记好，我一眼就能看到是不
是都就位了。我不允许猜测，不允许差不多。在大多数的戏里，我
都会至少踢掉一个演员，因为他们不明白，我说排练是必须的就是

必须的。

大家都准确知道自己应该站哪里、应该怎么做。如果有人不知道，我们就会重复同一个场景六遍或者六十遍——直到完美为止。

每次演出都让我身心俱疲。我会先放下生活中的其他所有事情，等我完成演出了，我会退到后面，等待（并享受）掌声。

可能这就是为什么一些之前认识我导演一面的人很难接受我"懒癌"的一面。我是说，一个执着于细节如生命的人，怎么会看不到她伸手拿的牙膏旁边堆着六管用完的牙膏？这完全说不过去啊！

我告诉你这是为什么：作为一个项目经营爱好者，我喜欢完成事情的感觉。我喜欢认真工作之后站到一旁，用余生去回忆我当时是多么辉煌，我的努力带来多大的成就。

我喜欢完成一件事，然后翻篇。

后面不会留下什么残余，需要我又重做一遍。

但是，家务/理家，随你怎么叫，并不是一个项目。

它做不完。

擦得闪闪发亮的浴缸？开玩笑，一小时后有人来洗个澡就又脏了。

碗都洗完了，还收好了？耶！我们来吃午饭吧（然后弄脏更多的盘子）！

这些事情对每一个试图让房子正常运转的人来说都非常抓狂。然而大多数人都是一边骂人，一边开始清理。

我做不到。我那个喜欢搞项目的大脑是我一直拼命想把房子维持好的主要原因。

我把我的房子看作一个项目。其实它并不是一个项目。把家庭看作一个项目其实弊大于利。

我以为我得把房子从上到下、从前到后、从里到外都打扫得干干净净。如果有天我能搞定，之后我才能把它维持下去，才能让房子保持整洁。

所以我就是这么做的。我做完了打扫的部分，但维持的部分……

我知道该怎么打扫我的房子。我可以跟个疯子一样打扫。如果我有个目标，比如说我要开个派对，我会订出一个计划，然后严格遵守，直到我开门迎客那天。

我会把他们迎进屋（装作我的房子一直都这么整齐），然后沉浸在我的理想之家的光环里。

经过了所有的工夫、汗水、压力和痛苦，我发誓我一定会让房子保持现在这个状态。这次一定会。

三天后，我抬头一看，吸了一口气。房子比派对大清洁之前还糟糕。杂物又堆得到处都是，脏盘子堆在水槽里，地板上散落着脏袜子。

我的那些努力啊，全白费了。我经营项目的精力也用光了，看到如此混乱的房子我的心也碎了。随着每次失败，我的暗黑心理也增长了一点儿，也更能接受我身处的无望。

问题是什么？派对前和灾难发生之间的三天，是我"懒癌"大脑里的一个黑洞，我真的不知道中间这三天到底发生了什么。

现在我知道了。我不甘于干枯燥的活儿。在完全没有意识到自己在干吗（或没干吗）的情况下，我在等待房子变成另一个我要去挑战的项目。

我在等待水槽里的碗碟堆得足够高，我好有个"停止手上的事情，快去洗碗"的项目可以做。

我有个"懒癌"视角。脏盘子太少我看不见，房子一点点变乱我也看不见。我能看见的只有干净得感人和脏乱得烦心，我的大脑无法识别中间地带。即使有时我能意识到有点儿脏，这个场景也不会让我有紧迫感。房子整体都比平时好太多了。我不是应该为这个"好太多"得到一点儿奖励吗，比如不用洗碗？

经营项目的美好之处就在于，一旦我把它搞定了，我就再也不用去想它。如果说，派对三周前我的注意力在于打扫、清洁、不让脏盘子堆起来，那么派对的三天后，就是不打扫、不清洁、不想那些脏盘子。

但"打扫项目"之间的时间隔得越长，就越难完成而且越让人有压力。然后我就越拖越久。

你知道怎么改变吗？洗掉那些碗。

我必须接受的是：打扫房子不是一个项目，它就是一系列枯燥、平淡、重复的工作。家里总是很整洁的人都在做这些枯燥、平淡、重复的工作。

对于一个坚定认为自己有更好的方法还总想着干大事的人来说，现实无疑是一个沉重的打击。

我不是笨蛋。但拿我自己的房子和别人家的房子一对比，我就觉得自己是个笨蛋。作为一个不习惯自己是笨蛋的人，我无法完成以为自己只要"认真起来"就能做好的事，简直难以相信，让人伤痛和感到丢人。

我最后还是得接受根本不存在更好的方法这一事实。防止脏盘子在水槽里堆起来的唯一办法就是洗掉它们。真的。

但我也有个好消息。

如果你跟我刚在家开始"懒癌疗程"那会儿一样，那你压根不知道及时洗碗是什么意思。

我原以为洗碗就像完成一个项目。我洗碗的唯一模式就是，腾出几小时来清理整个厨房。通常来说，这个要花费一天的项目意味着我又会重新燃起斗志，把整个房子都收拾好。我一遍遍地把脏碗碟放进洗碗机里，手洗了家里的煮锅和煎锅，然后，发现橱柜放不下所有洗干净的盘子（更有理由让人崩溃了）。

我不知道怎么算洗碗的时间：把家里所有的碗碟洗干净经常要花费好几个小时。但到了第二天，可能就只有 10 个盘子、12 个杯子、3 个咖啡杯、1 个意面煮锅和 1 个煎锅。神奇的事情发生了——这些东西都可以一次性放进洗碗机里。

一次性洗掉碗碟只需不到 5 分钟，然后把它们收好放进橱柜里用 5 分钟。

加起来 10 分钟。

但两天的量就不能一次性洗完了，得花 10 分钟，还得加上手洗、来回挪位置的时间，总共得超过 20 分钟。三天的量呢？我们又得花上几小时了。

所以我们的目标：每天都要洗碗，不让它变成一个项目。

但为防你因为我打破了你热爱项目的美梦而生气地把书合上，让我给你一点儿希望吧。当你意识到家务归根到底不是一个项目，奇迹就会发生。当你每天都能把碗洗干净（还有别的东西，但最基本还是洗碗），它们占用的时间会比它们变成"项目"所占用的时间少得多，你就有更多的时间去做别的项目——真正的项目。我喜欢的项目，比如粉刷卫生间、写书、带孩子在后院种花。

真的，就跟变魔术一样。

担心我说"洗碗"说得太简单吗？不必担心，下面我会说到让你烦。

How to Manage Your Home
Without Losing Your Mind

整理与自己的
关系

Part B

好的生活习惯就是匹配和舒适。
你的"懒癌视角"会随着你培养的每个习惯而退散，
你的家也会因为你的每个行动而改善。

4 从哪里开始

> 幻想：太……多……事要做了。我不行了，我得列
> 个单子。一张很长、很详细的单子。
>
> 现实：我的单子不见了。

"我压根不知道从哪里开始。"

我听过这句话无数次，明白其中的感受。

家务并不是一个项目，但对我这样的人来说，当整个房子变成了一个失控的垃圾场时，它看起来、摸起来（说真的，有时闻起来）就是一个项目。

在这个"懒癌疗程"的开始，我是绝望的、无力的。我唯一的希望就是用博客记录这个过程能让我专注起来。

我不知道从何时开始，但我知道我之前的做法都不成功。我发

现自己一次又一次地回归混乱，没有任何的助力和真正的进步。

我决定从小处开始，越小越轻松越好。这次我迫切希望不要失败。

我决定去洗碗。

以下是我的原因：每次我有搞卫生的动力时，我都从厨房开始。只有厨房干净了房子才算干净。但清理我家厨房就需要一整天。等我清理完了，我那些缥缈的能量也消失得无影无踪了，我从来走不到下一步。

即使我进展到了厨房之外的区域，当我在其他地方劳作的时候，厨房又（很讨厌地）变脏了。

这个是永不间断的循环。

我需要想个办法。

我见过别人家的房子即使有厨房也能一直保持干净。我的亲戚和朋友总能把脏盘子及时洗好，不管我在什么意想不到的时间拜访。鬼知道他们怎么做到的！

既然我不知道该怎么做，我就去洗碗吧。我知道洗碗是清理厨房的工序中最耗时的，所以如果我知道怎么搞定这部分，应该会有帮助。

从小处开始，每天只专注于把碗洗干净，真的就带来了改变——我从没经历过的改变。

我不担心房子的其他部分，我甚至都不担心厨房。我只专注于我的碗。

我只把它们洗干净。在开始之前，我都没有去分析或者观察其他人是怎么保持的。

我就只洗碗。

第二天，我又洗了一遍。

第三天，又一遍。

我害怕失败的心理如此强大，我把期望值降得非常低。我的目标就只是把碗洗干净，不去想每天有什么成就，甚至不期待每天有什么可见的变化。我只需要做好这件小事。

奇迹发生了。在我洗碗的时候，我开始明白了该怎么洗碗。

不是说我之前不知道怎么洗碗。我知道怎么挤洗洁精和刷煎锅，但我不知道怎么让洗碗成为一个习惯。

我还单身时，住在泰国，一对稍年长的夫妇邀请我去他们家吃晚餐。我看着那位妻子做饭。她在厨房里行动自如，非常轻松。她知道调料确切在哪里，拿起来都不用看标签，倒进锅里也不担心用量。作为一个当时梦想着婚姻但又一个人住，并笨拙地在学做饭的人，我非常敬佩她，也希望有一天我在自己的厨房里也能这么自如。

到我开博客那会儿，我做饭已经很轻松了，但每天洗碗，虽然不是马拉松式的大清洁，也让我很犯难。

我的手不知道该伸到哪里拿洗洁精。鬼知道上次我洗完一大堆碗累得半死之后把它放哪儿了。

然后，还有另一个问题，我每天需要打断我的日程去洗几个碗，打断我繁忙的妈妈日程去洗水槽里几个堆不成一堆的碗。

我对自己说了一番励志的话，这番话我以前老给我的学生和孩子说：大多数看起来简单的事都只是技巧，而技巧是可以学习的。

作为一个天生戏很足的人，我自然而然去从事戏剧工作。虽然，我记得在大学时，我惊讶于表演有这么多需要学的。我也从中看到了对于日后我的教师工作有帮助的东西。我看到对于有些人来说，表演并不是自然而来的，他们需要去学习。我看到他们非常努力，我看着他们变成优秀的演员，因为他们学会了成为优秀演员所需的技巧。

有些孩子从四岁就开始踢足球，天赋惊人。其他孩子在一边站着看，时不时摘朵脚边的蒲公英。但如果你再看看十二岁的他们，你都不能想象那个跑进足球场、带球穿行自如的孩子曾经也是站在场边摘蒲公英的孩子。他们一直努力，越来越自信，学会了成为优秀球员的技巧。

有些人拿起吉他或者坐在钢琴前就能演奏。这些人是少数。大多数音乐家每天要花好几个小时，经过好几年才能练就一身让别人以为他们是天才的技巧。

一旦你熟练地掌握了一门技术，它看起来就变得简单，但让一件事看起来简单需要花费很多努力。

就像我每天都洗碗——每一天，不管脏盘子的数量是不是足够多——慢慢地，我就不觉得那么困难了。这么说吧，当我明白了洗碗的数学法则，当我知道我可以只用几分钟而不是几小时来搞定那些碗，我就不必再垂头丧气，暗暗地大声地发牢骚。我不必再（那么频繁地）给自己灌鸡汤，激励自己开始干活。我不再站在厨房里虚度光阴，盯着那堆脏盘子，思考家里怎么又搞成这样，然后想出一个新计划，因为之前的不管用了。

我就只洗碗。

因为我有个洗碗机，所以我只要把昨天洗好的碗拿出来，收好，然后把今天的脏碗放进去就行。

经过了几周只专注于做好这项简单、低预期的工作后，我找到了适合我家的节奏和时机。第一周之后，洗碗还是不简单，但至少不再那么有压力。我决定再加一项工作。

然后我就环视一圈我的厨房，思考什么东西最让我不能忍。什么东西一直是个问题。

绊脚。

地板上总有东西。上周的报纸、小孩儿掉的餐巾、狗不要的一块西兰花。

我决定每天都要扫地。第一天，扫地是个工程，就像以前一样。"扫地"需要捡起地上的报纸，把地上购物袋里的菜放好，把我们昨天新开的毛巾的包装袋扔掉。我得弯下腰、捡起来、扔出去和收拾好。扫地是个工程。

首先，我得把每个角落、餐桌下的每个缝隙、每把椅子底下的玩具和杂物清干净才能开始扫地。

清理完之后，厨房看起来好太多了。

水槽里的碗洗好了，桌面收拾干净了，地上没有杂物，我的厨房看起来跟正常人的一样，即使有客人来了我也不尴尬。

但就跟洗碗一样，第二天才是重点。第二天，扫地不再是个工程了，而且特别快就能搞定。把餐巾纸捡起来，然后扫个地就好了。

往后一天是这样，再往后一天还是这样。我每天都扫地，它就不再是一个负担了。

当时我经历的这一切对我来说还是陌生的，我不知道自己做得对不对。我的博客也还是个秘密。我开始了几周后，跟一个知道我想写博客的朋友聊天，她问我开始了没有。

我不想撒谎，但含糊过去还是可以的。我说："嗯哼。"

她问我在写什么。我还是含糊地说，就是用来练手的，在记录我每天收拾家所做的工作。她儿子和我儿子经常一起玩，因此她能看到我家的样子，她知道家务对我来说是个问题。

她问我现在家务做得怎样，我咕哝说正从小处着手，然后现在每天都把厨房的地扫一遍，不管脏不脏。

她说："啊，我都不会每天扫厨房。"言下之意是她觉得这样很不好，也许她也该开始这么做。我去过她的房子几回，她做得其实挺好的，完全没必要在家务这方面学我的做法。

我跟她解释为什么我必须每天都扫地。我不知道这是不是正确的做法，但至少情况真的有变好。

几周后，一个周一的早上，我开始了雷打不动的扫地任务，我意识到为什么我需要每天都清扫厨房，即使别人不需要。

工作的重点其实不是扫厨房，而是把餐桌旁躺在地上的那堆报纸捡起来。在拿起扫把之前我压根儿看不见它们。

有个雷打不动的任务"擦亮"了我的"懒癌"视角，我能看见那堆杂物是因为我要扫厨房就一定会看见它。

在杂物堆得我没法走路的时候，扫厨房是项工程，而每天都扫地就是个 2 分钟（最多 4 分钟）的工序，即使这个工序包括捡起一两件之前看不见的杂物。

我的"懒癌疗程"开始几周之后，我发现养成好习惯就是最合适的方法。习惯的影响比我能想象的大得多。

所以我就继续这么做下去。在一个习惯变成自然之后（不是简单，但是自然），我就再加一个新的习惯。

通常来说，新的习惯在一周之内会变得（比较）自然。

如果你想要一个告诉你每一天、每一步怎么做的指引，本书的最后有个"28 天改变你的家"的附录，它会指导你怎么养成四个能大大改变你家里状况的习惯，大到你都不敢想。

或者，你也可以自己培养一个习惯。我选择的原则是：我环视一圈我的房子，然后确定什么让我最焦虑。不是"谁竟然把杯子放在那个地方"的那种焦虑，而是"为什么这些都不会发生在别人身上，单单一直缠着我"的那种焦虑。

可能你的挫败感来自门后的那堆鞋，可能惹恼你的是从来不会放回书架的书。

选一个让你抓狂的，让你觉得无法解决的问题。

如果洗碗对你来说不是个问题，就别采用我的洗碗模式。选一个你自家的问题。我的那位朋友就没有必要每天扫地，因为她能自然地注意到厨房什么时候脏了，然后及时清扫好。

今天就解决你选好的问题。然后，重点来了，明天接着解决，在它变成一个问题之前。

在"问题"还只是抻直、挪一挪位置或者拿毛巾擦一擦的时候，就把它解决掉。连着七天每天都解决同一个问题，七天之后，你会尝试到多种不同的方法，其中肯定有一种管用。这就是最重要的：找到对你家管用的独特方法。

◎ 我想对那些没有洗碗机的人说几句…… ◎

我觉得是时候跟那些翻着白眼、泛着恶心地听我鼓励大家去洗碗的人说几句了。没关系——我看不见你们。我明白你们的反应，因为我写了几年的"懒癌"博客，有市场调查做基础。

当我提到开动洗碗机，或者把里面的碗清空，或者其他关于洗碗机的事情时，没有洗碗机的人就会投诉。他们会说："（唉）我也希望我有个洗碗机。""有洗碗机真好。""如果我真的有个洗碗机，情况肯定大不相同。"

我明白的。我太爱我的洗碗机了。我曾经有过好几年没洗碗机的日子，我当时确定没有洗碗机是我所有家务问题的根源。

我来跟你说个深刻的真相吧：如果你没有洗碗机，你就只是在一个没有洗碗机的家里生活而已。

更讨厌我了？我不是在小瞧你的问题，就个人来说，选房子的时候，我会把有没有洗碗机这件事放在所有其他条件之上，但是洗碗机并不能帮我把房子保持整洁，因为只有我能。

什么解决了我的洗碗困难症？去洗碗。

即使我有个完美的洗碗机，我的厨房有几年还是一直处于混乱状态。我知道很多人（我的婆婆，我的嫂子，我经常拜访的密友）不用洗碗机，但她们的厨房都很干净。事实上，我的朋友经过了几年的手洗之后终于有了一台洗碗机，她反而抱怨自家厨房比从前更脏，因为她的日常程序都被打乱了。洗碗机让碗筷从脏变干净这个过程更简单，但并不能让厨房保持整洁。

有没有洗碗机并不是问题所在，有没有洗碗的习惯才是问题所在。能保持厨房干净的人都有固定的习惯，无论他们有没有洗碗机。洗碗的数学法则同样适用于手洗。今天不洗碗，明天徒伤悲，因为你需要多付出六倍的努力。

如果睡前是洗碗的最后期限，那么第二天早上把用手洗完的碗放回橱柜就跟把洗碗机里的碗清空是一样的。就像清空洗碗机是放入新的脏盘子前的必需步骤，空的水槽和空的碗架也是洗碗前（哪怕只有一只）的必需步骤。

最重要的是，天天哭诉家里没有洗碗机对改善这个家的状况一点儿帮助都没有。空想、计划、打滚都不能改善一个家，我很清楚这点，因为我是空想、计划和打滚界的女王。

得到一个干净厨房的唯一途径就是去把它搞干净。让厨房处于容易打理的状态的唯一途径就是每天都洗碗，不管你有没有洗碗机。

哇，这几句话真有点儿惹人讨厌。不好意思，我保证下一章我会可爱一点儿。

别人的故事

（读者在"懒癌患者的自白"博客的留言）

　　我在整本书的大多数章节后面都会分享一些来自"懒癌患者的自白"博客的读者和频道听众的故事。一部分是为了证明我不是唯一有这些困难的人！但更多的是，我想跟大家证明我的方法在真实的人的真实生活里是有用的。

　　"每天都洗碗改变了我的整个世界，即使你需要在百忙中抽空去水槽。你都不会理解这改变有多大，直到你开始这么做。"

——布兰迪·D.

　　"我没有洗碗机，然而，我不喜欢早上起来面对的是晚饭之后大家吃零食弄脏的盘子，所以即使这是我晚上 8 点后最不喜欢干的事，我还是在睡前把碗都洗了。早上一起来把碗架上的干净盘子收好比面对一堆脏盘子要愉快得多！"

——凯莉·G.

　　"单单洗碗就能改变很多，还能激励你做其他事，但即使不能……至少你把碗都洗干净了。"

——露西·L.

5 关于习惯的真相

幻想：我需要培养好习惯。如果我能强迫自己连续
　　　一个月每天都把房子打扫得干干净净，我就
　　　能养成习惯。一旦我养成了习惯，我都不会
　　　意识到自己在吸尘，就像我不会意识到我把
　　　第二勺糖倒进咖啡里一样。

现实：我从来不会在没有意识到的情况下打扫房
　　　子。如果我期待这种状态，我得等一辈子，
　　　房子就是在我等待的过程中变脏的。

　　我能在三天内养成一个坏习惯，然后用几年的时间努力戒掉。但要养成一个好习惯则要经历很多身心痛苦，然后不到 24 小时就能丢掉。

所以我们可能要把好习惯和坏习惯分开看。

我曾经以为习惯就是可以不经大脑。比如，11 月 1 日早上偷走我小孩儿的万圣节糖果。比如，1 分钟前我还在电脑前，现在我在另一个房间吃彩虹糖。我都不知道自己怎么走到这儿来的。

我有很多坏习惯。我以为大家说的清洁习惯也是差不多这样的，但其实不是，太不是了。

我从来没有一边打扫一边在想："我怎么就开始打扫了？我压根就不记得自己什么时候拿起掸子的！"每一项清洁任务都需要我十二分的意识。作为一个"懒癌患者"，这让我觉得很挫败，但明白了这个现实，对我改善家里状况很有帮助。

刚开始"懒癌疗程"的时候，我把写到日程清单上的事叫作"雷打不动的任务"。它们一开始确实是不容商量的，我列出每天都必须完成的任务，不允许自己找借口逃避。

我非常擅长在脑子里跟自己讨价还价。我可能 / 可以 / 已经找到一百万个理由说服自己现在不是打扫的好时机，而应该等家里更乱一点儿再说。

但从某个时候开始，我开始把这些"雷打不动的任务"叫作"每天的日程"。我把它们缩减到最基本的，也觉得自己不需要再加新的了。凭借我每天坚持做的这些小事情，家里的状况比之前好太多了。我知道了哪些家务能带来最大的改变。我不用再跟自己讨价还价了。

在"28 天改变你的家"里，我选了四个能带来最大改变的基础家务，我把它们叫作"习惯"。它们对我来说已经是很自然的事了，因为我每天都在做，它们在我的日程里牢牢占有一席之地。

现在，我把这些事情想成是"预先做好的决定"，这个想法对我很有帮助。

我决定不了应该做哪些事情，这是由事情本身决定的，正如我决定不了天是蓝色的。

我家变得这么乱是因为我很擅长说服自己不去洗碗。我太忙了，脏盘子还不够多，只会浪费水，还是下次洗吧——不管是什么一点儿逻辑都没有的理由，只要我可以不用做自己不想做的事情就行。当时看起来，我的借口多么合理。

所以我干脆把决策这个步骤给去掉。我决定不了每天晚上自己要不要洗碗。我从经验（最好的老师）得知我得做什么才能让厨房保持整洁。但我不是要借此来给自己灌鸡汤。没有什么鸡汤可灌的，因为决定权不在我手里。

有决定权的话是这样的：现在脏盘子还装不满洗碗机，我还是等到明天吧。

但是"预先做好的决定"是这样的：我没得选择。我必须开洗碗机，因为我必须开，我必须把碗放进去。噢，碗比我想象的多啊，几乎放满了。

如果到了这一步，但我允许自己做决定，就会变成这样：哈，还没完全满。如果我再等一等，等满了再说，我就是在节约资源拯救地球了。对，还是等等好。

但如果我自己不能做决定，就会是这样：还没完全满，但我还是得开洗碗机。我要保持厨房整洁就必须开，由不得我自己决定。既然我要开洗碗机了，那我就再看看周围有没有落下别的盘子——啊，为啥我之前没看到那堆？

我的整个厨房都因为这个思路而大有不同了。

因为洗碗机是肯定要开的，我就会看看周围有没有零散的碗盘。而我几乎每次都能找到，一把这些碗盘捡起来，我的整个房子看起来就会好很多。

如果我允许自己做决定，那我几乎每次都是错的。如果我哪天决定不洗碗，那第二天攒起来的碗就不能一次性洗完，我就会落下进度。

不要担心。在听说别人家洗碗从来不是问题是因为人家天天都洗的时候，我也曾经很沮丧。当你意识到真的没有更好的方法时，确实会很失望。

致那些因为自己没有洗碗机所以仍然认为我说的这些对他们不适用的人

"我家没有洗碗机，我一开始非常抗拒，但还是熬过来了。现在一切看起来都如此轻易，我也不觉得那么愤愤不平了。我能每天坚持洗碗，是因为我不想第二天再洗，根据洗碗数学法则，我得花上三倍时间才能搞定。"

——斯特拉·L.

6 真正的奇迹发生在晚饭之后

幻想：只要我知道该做什么，我就会马上行动起来。就这样。

现实：要有干净的家，我就必须自己去搞干净。这根本没有书上说的那么好玩。就这样。

可能有些读者直接翻到了这章开始读。

我完全懂你。你很绝望。

这就是我要对你说的话：去洗碗。

但在你想看看书脊上有没有折痕，好把这本蠢书退回去之前，我先来解释几句。（不会很多。你跳过的前几章就是我解释的部分。）

在你为乱得不行的家惆怅不已的时候去洗碗，确实看起来很蠢。感觉洗碗一点儿用都没有，因为你家的人坚持每天要吃好几顿，每次他们吃饭就得用碗碟，所以即使你现在马上把碗都洗干净，它们几小时内又会变脏了，甚至是几分钟内。

这种徒劳无功的感觉确实很泄气，很压抑，很抓狂，很揪心。

但洗碗是有理由的，洗碗是整个"改变你的家"工程的第一步。第二天接着洗碗，奇迹就会发生。

如果你觉得这个建议很傻，因为洗碗对你来说不是问题，那么我给你点赞。但说真的，我没有讽刺的意思。（好吧，我是有点儿。）

不过，如果你真的能跳过这第一步，你应该高兴，因为你不必翻过那座大多数对家里状况绝望的人都要翻过的大山，你可以接着往前走了。

但如果你还有没洗的碗，尤其是昨晚的碗还放在桌上，而且早上你还得先把煎锅洗干净了才能煎蛋，那么你现在就去洗碗。即使为了这个愚蠢的"懒癌疗程"，你需要把一天空闲的时间都搭上。

我明白你没有时间去做别的事情，所以你没有一点儿动力，而且晚上家人一吃饭，水槽又会堆满了碗。

但不管怎样还是把碗洗了。今晚，你走进厨房就能直接开始做饭。如果你不记得这是什么感觉了，那就太好了。你会从橱柜里拿出一个完全干净的锅，不用把昨晚（或者上周）的脏碗拨开就能直接放到桌上，你用菜刀前也不用先洗干净，砧板周围也有空间让你施展。

你会感觉自己就像在美食频道里的厨房一样。

但真正的奇迹发生在晚饭之后。

再把碗洗一次。

神奇的事情就会发生——你会从实战中得知洗一顿饭用的碗需

要多长时间。如果你还有怀疑，我猜你可能不知道洗碗确实要花多长时间。没关系，我之前也不知道。

然后第二天早上，"奇迹中的奇迹"（不只是"奇迹"）会发生，早上起来你会发现餐桌上不再堆满脏盘子了。也就是说，第二天你会非常兴奋，因为不用洗碗了，你完全可以去处理家里别的事情了。

我会跟你说的一点就是（我能对你颐指气使是因为你在看我的书），明天晚上接着洗碗。你会发现洗一天量的碗真的没有很揪心，很压抑，很抓狂。

先坚持一周每晚洗碗，然后再加上一个新的习惯，我推荐每天扫厨房。同样地，第一天的感受会跟往后几天完全不同。

再过一周，开始检查卫生间的杂物（如果找到就把它收好）。当这个也形成习惯了，就做个 5 分钟收拣。（5 分钟收拣就是字面的意思，我下面会详细解释。）

为防止你还觉得我把问题过分简单化了，翻到书的最后。（尤其是那些不在乎看书顺序的人，这很对你的路数。）在附录里，你会看到"28 天改变你的家"。这个指南会带你走过每一步、每一天、每个借口、每次挫折。四周过后，你会对你的家充满希望，我保证如果你按我说的做就一定会管用。（对了，我在上一章已经讲过这些了，以防你错过了。）

7 预先做好的决定

幻想：我有个分析性思维，我喜欢思考问题然后想
出一劳永逸的解决方案。

现实：有时，我把不是问题的事情变成问题，就是
因为我太喜欢思考问题。

我前面已经提到"预先做好的决定"这个问题，它让我们能以
另一种方式看待习惯。其实，"预先决定好的"这种思路有很多好处，
不只是在处理日常家务上。如果你经常觉得自己压力很大，那就接
着往下读吧，这个思路就是为你准备的。

我和丈夫商量买一辆车的时候，唯一的要求就是不用钥匙。

我们曾经有好几周都在租一辆不带钥匙的车，那几周就跟天堂
一样，就因为我没有丢钥匙。

这非常重要，同志们。

我是个废物，丢钥匙的废物。

但也不总是这样。其实就是阵发的，跟大脑过载有直接关系。作为一个习惯搞大项目、赶期限的人，我经常让大脑过载。我也不是每次都能意识到，除非我开始忘东西，我的大脑会自动删除"琐碎"的信息，好处理重要的事情。不幸的是，我的大脑把"我把车钥匙丢在哪里"这样的信息当成是琐碎的、可以删除的。它还自动删除了"周一橄榄球训练比平时早结束 30 分钟"这样的事情。而我急匆匆赶去超市的唯一原因就只是我们真的没有鸡蛋了。

这是一个科学事实，我们的大脑只能处理一定量的信息，超出了这个量就会开始删掉一部分来腾出空间。至少我在哪儿这么听说过，我知道自己有过这样的经历。

所以不用钥匙的车就美好在我可以把翻包找钥匙的精力节省下来，或者说，我大脑里就少了件事，少了件要记住的事，就是少了个隐忧。

我的重点不是叫你去买辆不用钥匙的车，我的重点是让你看看能不能从日常一些小事上减少你的担忧、压力和做决定的次数。

我们必须买辆车。相同的条件，我们的决定性因素就是钥匙，因为它可以减少我们生活中的一点儿压力。

什么可以减少你生活中的一点儿压力？你可以选择不去为一些不值得占据大脑空间的小事做决定。当一件事不断地成为你的烦恼，那就做个可以让它在未来不再出来烦你的决定。

比如，我决定不再攒着用完的礼物卡，因为礼物卡太多而合不上钱包这件事让我很烦，我鄙视（所以一直拖延着没做）打一个小时电话去查哪张卡里有钱，哪张没有。

现在如果收银员问我要不要换张新的礼物卡，我都会压下我的条件反射说"不要"。有时即使里面还有 7 美分我也算了，或者我直接让给后面排队的人，让他用来抵掉他要买的东西。

这点压力就从此在我的生活和大脑中消失了，空出来的脑容量可以让给那些真的重要的事情。

当我把这些必需的日常琐事看成"预先决定好的"，我也能达到同样的效果。去掉日常生活中的一些决定，我就能清空一部分脑容量。

如果我每天都要决定洗不洗碗，这个决定会占据我的大脑空间，即使我自己没有意识到。混乱的厨房会占据大脑潜意识的空间，因为我得决定到底什么时候把它搞干净，我得决定什么时候从我繁忙的日程中抽时间来打扫。

等待做决定是很有压力的，即使我意识不到它在给我带来压力。

把它变成常规可以让我们不必老是为同一件事做决定。确定我每晚都洗碗意味着我不需要焦虑（即使只是在潜意识里）今天什么时候洗碗；确定每周一洗衣服意味着我不用在周三或周六担心洗衣服这件事。

什么时候做什么
(清单和时间表不是必要的)

　　有些人喜欢给自己列清单。他们每天早上不列一个清单就不自在。我也喜欢,但我一般在做重要事情的时候才会列。我用清单来把大项目分成几个可行的步骤。

　　我在写"28天改变你的家"的时候,帮我校对的朋友问我要不要列几个方便的清单,但我觉得清单不太合适。慢慢培养四个习惯就是为了他们在四周后觉得一切已经成为自然,所以你不会用到一个清单。

　　每天不管多忙,都会有尴尬的空当。在这些尴尬的空当里,我知道我自己该干点什么,但该干什么呢?

　　有一系列根深蒂固、雷打不动的最基本的家务程序可以让我有效地使用这些空当。在去橄榄球训练场接一个小孩儿回家和带另一个小孩儿去舞蹈课中间的5分钟里,我不用决定该怎么有效使用这段时间。

我知道我每天都要开洗碗机，这是一个事实，不是决定。既然这样，我就干脆先用这 5 分钟的尴尬空当预热一下。我可以先把桌上零散的碗碟放进洗碗机里，我可以检查一下起居室里有没有乱放的碗，反正这些我迟早都得做的。

　　可能水槽和餐桌都没问题，那我可以扫地，或者看一眼卫生间，或者完成我每天的"5 分钟收拣"。如果我清单上的头四项任务里都没有可以做的，那我也不必支支吾吾非得想出个所以然来。

　　然后，有时生活太癫狂，我甚至得跳过那些最基本、必须得完成的任务。

　　这就是生活。有时妈妈的重心不得不从家务转到别的东西上。（比如写书，对吧。）我一起床，家里突然又变成了灾难片。

　　又这样了。

　　但现在不同了，我不再是从零开始，我不需要想出一个计划。计划已经有了，决定也已经做好了，我知道首先该做什么然后做什么，我确切地知道该从哪里开始。

不要第一天就歧视一个习惯

幻想：我有个好主意！如果我每天都能洗碗 / 洗衣
　　　服 / 清洁卫生间，它们就永远不会失控！

现实：唔，洗碗得六小时。没有人一天花六小时来
　　　洗碗，所以肯定是我的打开方式不对。这个
　　　想法真蠢。

不要第一天就歧视一个习惯，真的不要，因为第一天它还不算
是一个习惯。第一天做什么事你都会觉得尴尬，尴尬就尴尬，直到
你做过一遍又一遍了，你才会明白自己在做什么。

第一天洗碗跟第十六天洗碗的感觉完全不一样。

"28 天改变你的家"里面还有两个习惯你可以练习。一个就是
每天检查卫生间的杂物，目的是锻炼大脑找出乱放杂物的能力，这

样打扫卫生间就会变得简单得多，你也不会经常拖延，因为在打扫之前你不用再花半小时先收拣杂物，就跟每天洗碗和扫厨房一样，这个习惯在第二天就会上手。

不过第二个习惯就不太一样了，这个习惯在第一天和第二十八天花费的时间都一样短，但你还是不能在第一天就歧视它，我把这个习惯叫作"5分钟收拣"。

即使以前在我看来，一次洗几个碗没啥道理，但我一直很清楚，如果我每天不腾出特定的时间来"收拾"，我会很麻烦。

我有好几个朋友每天睡前都会跟孩子一起做点什么，比如泡澡、看儿童节目、吃零食等，各不相同，但有一项是相同的（她们房子从来都不会失控），就是每晚的杂物收拣，白天乱放在起居室的东西都会收拣好，孩子们的房间里也是。

我努力了，我真的努力了。

我跟家人无数次宣布我们要定一个新"规矩"。我们每晚睡前都要收拾一遍起居室，第一晚花了一个小时，因为太乱了，然后第二天就没有人再提醒我这回事了。没过多久，我就会突然意识到，距离上一次我想起来收拾起居室这件事已经一周了（有时是三周）。

开始"懒癌疗程"之后，我知道自己必须又重新开始这个每天收拾的规矩。

因为我实在太讨厌这个活了，我就把时间缩短到5分钟。这真的是我能说服自己的最短的时间了。我在烤箱计时器上设了5分钟，开始绕着房子转一圈，捡起乱放的杂物，把它们收好，时间一到，我就停下来。

这就是这个习惯跟别的习惯不同的地方。

第一天洗碗你可能得花几个小时，这简直残忍，但收拾杂物第一天就是 5 分钟，以后也都是。不过，如果你的房子跟台风过境一样的话，5 分钟可能没有多大改变。

洗碗是专注在你能完成的一件事上。"5 分钟收拣"的范围是整个房子，我希望我已经说清楚了，如果你第一天就想在 5 分钟内让整个房子来个大变样，就是在自取其辱。

如果其他习惯的爆点是只要你每天都遵守，就会越做越简单，那"5 分钟收拣"的爆点是，它的成效是与日俱增的。第一天，你只能对付表面上的垃圾和乱放的杂物，5 分钟内就只能做这么多。第二天，表面杂物很快就能收完，你就可以进展得更深入。第三天，更加深入，你甚至可能已经在收拾那些之前完全不敢触碰的地方，你可能已经进展到小孩儿的房间，开始叠那堆在双人沙发上放了几个月的干净衣服。

但做这些你只要花 5 分钟的时间。一天天过去，你会越来越惊叹于对这 5 分钟的魔力。

◎ 让家人参与进来 ◎

我还没怎么讨论过（不用担心，后面会有一整章说这个）如何叫上家里人一起帮忙。但我现在要先提一下，因为"5 分钟收拣"这项家务非常适合让全家人一起做。

但是，我要重申，不要第一天就歧视这个家庭习惯。第一天都不会很顺利，因此我不推荐你第一天就叫上他们，最好先让他们就看着你计时和收拾 5 分钟。给他们做个榜样，让他们知道真的就只是 5 分钟，而不是他们平时的"奶奶来之前的全家疯狂大扫除"。

不过，即使他们看到了（也真的注意到）你每天这 5 分钟的收拣工作，但第一次让全家都参与进来还是会比较艰难，而且一点儿都不好玩。

你平时很聪明的孩子可能会跟你说他们不知道剪刀、胶水或者牙膏在哪里，他们可能突然间觉得很累，要不就头疼或者脚痛。你跟他们说洗衣篮在哪儿的时候他们会一直茫然地看着你，即使从他们出生开始洗衣篮就一直放那儿。

第一天会很惨烈。全家一起还远远不如你自己一个人的效率高。你全程都一直在指点、提醒、威胁和鼓励他们。但到第二天会好一丁点儿，到第三天会好很多。最后，等他们意识到这不是"妈妈突发奇想要收拾"的偶然事件，等他们干的次数足够多、知道 5 分钟之后你真的会让他们停下来，你会爱死这个全家人一起参与的"5 分钟收拣"习惯。

因为到那会儿你已经亲身体验过"收拾"的数学法则，它跟"洗碗的数学法则"完全不同。当你的家人明白了这个概念，并且不需要你的督促就能完成的时候，5 分钟的效果就放大了。现在，我设下 5 分钟的计时，可以完成 20 到 25 分钟的工作。我加上三个孩子（和我的丈夫，如果他在家）一起干 5 分钟，达到的是 25 分钟的效果。

同志们，如果我们能每天都游刃有余地完成这些任务，我们 5 分钟内就可以打扫好房子迎客了。

这 5 分钟，绝对值当。

◎ 什么时候和怎么办 ◎

练习"5分钟收拣"的最佳时机就是"你能想起来的任何时候"。我干这活已经六年了，从来没想过在睡觉之前完成。从来没有。

如果我非得给这个任务设一个时间，我就一定会错过。我打自己一巴掌好让自己明天记得，但我脸皮真的太厚了，从来都不长记性，于是我一天又一天、一次又一次地错过了定下的最佳时间。我做过的最好的事情，就是决定并没有最佳的收拣时间，到了某个时间我就是得开始收拾，无论什么时候我在做那些基本的家务活，我都顺便做一次"5分钟收拣"。只要我做了，家里的状况就会改善。

但如果，即使我允许自己什么时候想起来就什么时候做，还是错过了，怎么办？三天或者三周就这么过去了。

其实这个任务不用赶进度，5分钟就还是5分钟。

因为有时你必须赶进度，比如你妈妈去园艺大会的路上需要在你家过夜，比如朋友问能不能借你的地方开迎生派对，但每次的"5分钟收拣"就像往你的清洁存折里面存零钱一样。

不要第一天就歧视这个习惯，也不要歧视任何习惯，等到有一天你在开门迎客前不用再担心得睡不着，你再去评价它吧。

9 战胜时间感知意识障碍

幻想：我现在就是没有时间（此处填上你现在不想
做的任何事情）。

现实：我没有时间概念。我以为自己有太多或者太
少的时间，所以我不用做现在我不想做的
事情。

我们都已经清楚我讨厌烦闷的工作。像洗碗和收拾杂物这样的
工作让我身心俱疲，它们从来不会出现在我想做的事情的头几样里，
所以我建立了一套完整的程序，去掉了做决定的步骤来给这些工作
铺路，但有些更烦琐的事情，我不用每天都做，但又必须去做。

比如清洁卫生间、拖地和掸尘。这些工作都很烦人，但又是必
须做的。即使不用每天都做，那也是无休无止。没有东西能一直保

持干净，你刚掸完灰的下一秒，就会有更多的灰尘落下来。

你有两个选择。有些人会一直不停地掸尘，一天拖三次地。这个过程无休无止，他们就一直不停。我不是这种人。他们停不下来，我连开始都开始不了。为什么我要蹲下来擦马桶背面呢，反正早上起来肯定会发现那些晚上起来尿尿的人又给弄脏了。

我知道卫生是肯定得搞的，但因为它不是一个项目，它没有结束的一天，我就没有动力开始。

我有"时间感知意识障碍"（对，这个病是我发明的），简称TPAD。这个病要不就让我无休止地拖延，因为我知道我现在不够时间做完，要不就让我低估要投入的时间，然后我以为自己肯定够时间，就顺理成章地拖延，最后导致的结果很麻烦。

每次低估工作量导致的挫败感会让我下次高估工作量，于是我接着拖延。这真是个恶性循环。

不管是哪种情况，我都在估算。虽说估算是个有用的技巧，比如你可以估算该给肉汁加多少牛奶，但在保持浴室卫生这个伟大征程上，我在被它辜负了六七次之后决定放弃了。

我用计时器来克服我的 TPAD。计时器能很好地提醒我什么时候开始或者停止某项任务。把鸡肉留在炉子上煎然后跑去屋子的另外一头"快速"做点别的什么，通常不怎么靠谱。

计时器还能很有效地让我开始干活，它控制了我"必须"干活的时间。每天"5 分钟收拣"能带来很多改变，只要我知道 5 分钟就能结束，我就会愿意去做。

但这不是计时器最大的好处，它最大的好处是帮助我跟现实接轨。我得摆脱我的估算习惯，我需要确切知道每个任务得花多少时间，这样我的 TPAD 才不会有机可乘：让我感觉良好地一拖再拖。

以为要花的时间比我能投入的多？太棒了，拖。

以为要花的时间根本不会很长？太棒了，拖。

我给我的每件事情都计时。结果不错。

我最好的朋友在上大学的时候选修了一门家政课。有个作业是让她估算做一道菜的每个步骤要用多少时间。其中，第一步就是开灯和穿围裙。

她的答案是——10 分钟。

很显然，她也有点儿 TPAD，即使她家的情况没有我家这么惨烈，她家总是很整洁。不过，从她的答案可以看出，强迫自己去估算你平时不会用时间计算的事情是很不靠谱的。我的意思是，谁会去想穿好围裙和开灯要用多少时间啊。我从来不穿围裙（我可能还得花 10 分钟时间想想我的围裙在哪里），灯也一直开着。让我丈夫很心累的一件事是，我从来不记得关灯。

在我朋友年少的脑子里，一段很短的、没啥存在感的时间就是10 分钟，没存在感到她在写下来的时候根本不明白 10 分钟到底有多长。

我猜想这应该就是那个作业的目的吧。计时很重要，即使只是在做日常的事务，比如做饭和清洁厨房。那如果计时很重要的话，我们就应该考虑这么做。

10 分钟，在跳爆竹的时候是很长的，打盹的时候就很短。或者也可以这么说，面对一些我不想做的事情是很长的，面对我想做的事情就很短。

如果我发现自己一直在拖延一件事，我就用计时的方法。我讨厌这件事，所以做起来觉得没完没了。有时，意识到它可以不是没完没了的，让我觉得自己其实并没那么讨厌它。

我最好的例子就是清空洗碗机这件事。呃，我超讨厌清空洗碗机，但我又规定自己每天洗碗，所以这个烦人的步骤很重要。清空洗碗机跟开动洗碗机一样重要。如果我每天起来第一件事就是把它清空，我就可以把这天的脏碗装进去，我甚至都不用再把脏碗放进水槽，这样我的厨房也不会乱糟糟了。

但就算我明白了这一层，我还是会在清空洗碗机这个步骤上拖延。我讨厌这件事，我的厌恶让我幻想自己没有时间做。

我估算这项任务得要 15 分钟。有些早上我是名正言顺没有 15 分钟可以浪费。我要做午饭、找鞋、帮小孩儿扎马尾辫，这 15 分钟，只要不是死人的事，都得等着。

然后我想起我妈曾经说过的话。她让我给讨厌做的事情计时，好知道这些事情实际要用多少时间。

所以我就在自己清空洗碗机的时候计了个时，一共花了 4 分钟。

就短短的 4 分钟。

我的借口全都被打碎了，因为我能在一天里的任何时候腾出 4 分钟来。知道了清空洗碗机只要 4 分钟之后，说服自己没有时间就更难了。

我也给别的家务计时。清洁卫生间，给起居室吸尘，给整个房子掸尘，都有点儿像在玩游戏了，也不是多有趣，但好歹是个游戏。

知道完成一个可怕的家务要花多少时间，能让我把这项任务切实可行地安排进我的日程里，我不能再根据自己爱不爱做这件事就恣意地拉长或者缩短我对时间的估算。

但有时情况又会相反。我以为只用 5 分钟时间就能把车收拾好去接我孩子的小伙伴们，可我一直拖到临出发前的 5 分钟才开始收拾，然后才知道里面乱得要花半小时才能收拾好。

所以清理车子的时候给自己计时能帮助我们面对现实，我知道车里多乱的时候要花多少时间，这让我下次可以小心避免让车子变成 30 分钟才能收完的垃圾堆。

◎ 我知道和我以为 ◎

我以为的时候，一般都没好事。

我的时间感知意识障碍让我以为我有很多时间来洗衣服和烘干，但这个以为的结果是，我的孩子周六早上要穿一件不是只有一点点儿湿的球服去参加篮球比赛。

或者，我一直拖延不去擦前门玻璃上的指印和口水渍，因为我以为搞干净要花一辈子的时间。等朋友马上要来、我必须在 30 秒内擦干净的时候，我才知道我其实早可以搞定这事，动作一样快，还不用流一滴汗，也不用因为客人的到来而感到焦虑。

以为搞定一件事要花多少时间是没有用的。我的以为会变成幻觉，而计时器就是打破幻觉的武器。

别人的故事

"我以为如果没有一小时我就没法完成这件事……但你知道无论多大一堆衣服也只要4分钟（完全不赶）就能叠完吗？大多数时候还压根不用。没有任何事情花的时间有我想象的长，搞定的感觉真爽！"

——席拉·N.

"我不喜欢收拾零碎的东西，比如罐头和盖子、漏斗、搅拌器零件，还有其他我不知道该放哪儿的东西。我发现只要我在洗完碗之后腾出5~10分钟，我就可以专注把餐桌上的杂物收拾好。如果能坚持下去，拖延下来的那堆事情就会慢慢变少，然后消失。计时能让我专心致志地对付手上的事情。"

——维姬·W.

10   让人舒心的特殊日子

幻想：我喜欢刚擦干净的卫生间和刚拖完的地板。
这种喜欢应该转变成我定期搞卫生的动力。
每周一次听起来不错。

现实：我大概是喜欢干净的地板的，但在我的脚黏
到东西之前我都没想起要去拖地。

　　我不擅长决定什么时候搞卫生。

　　我小女儿四岁的时候，有一次我带着她在大儿子学校的一个派
对上帮忙舀冰激凌，派对在饭堂的午餐时间之后举行。当时，我和
另外一位来帮忙的妈妈正在淋糖浆和撒糖粉，然后听到我那个健谈
的女儿问保洁员在做什么。

她当时正在拖地。

我女儿接着问了人家一个又一个的问题，为什么要拖地，怎么拖的，就像那是一个外国的神秘习俗一样。

谢天谢地，另外那位妈妈只是笑了，但我觉得应该为自己辩护一下。我（微笑着）义愤填膺地说："我每周四都拖地的！"

现在轮到另外那位妈妈觉得奇怪了。她解释说自己不会有固定一天拖地："我可能就靠我的……卫生直觉吧。"我不知道她说那句话的时候有没有特殊的感觉，但在我的脑子里，它们是"大写"出现的。

"卫生直觉"真的很重要，但是我恰恰没有这个。当我在思考一天里想干什么的时候，从不会自然而然地想到拖地。我不会留意到厨房该拖地了，除非我婆婆要过来拜访，或者我的脚粘在了地板上。

在一个平凡的日子里，"拖地"就是件烦心的事。

当我觉得"真的该拖地了"的时候，我的大脑就会立即思考到底多久没拖过了。几天？肯定不止。几周？那到底是几周呢。几个月？呃，可能得好几个月了。

我是从 2009 年 8 月开始的"懒癌疗程"。那年新年的时候，很自然地，我信心满满、浑身是劲，决定要"真正改变自己"。我回顾了一下过去一年我在家务事上的巨大进步，自从定下了每天"雷打不动"的家务习惯后，我在不断地进步，获得动力，我又有了希望。

但工作量大的家务，比如刷马桶、掸尘这些，还是需要很多的激励。确实，自从开始写博客之后，我的动力足了很多，拖地这件事的压力也大大减少了，毕竟我不需要先收拾好过去几周乱放的杂物。

但依靠激励来搞卫生是有缺点的。我有时太忙，就更长时间没有动力搞卫生了，长到我那个"懒癌大脑"都没法计算。

我的"时间感知意识障碍"又昂起了它那丑陋的头。

我努力让自己把握和记住上一次做某个家务是什么时候。你知道那种感受，就是有人在社交媒体上放了一张照片，然后大家都来评论说，天啊，原来距离某人出生或者市政府着火已经三年了。因为这是件大事，打破了日常常规，所以它就跟昨天才发生的一样，这就跟我看待那些工作量大的清洁任务一样。清洁卫生间是一个重大事件，所以一旦完成，我在未来几周，都会觉得自己才刚刚做过。

"我不是刚刚才收拾完吗？"是一句经常萦绕在我脑海——和嘴边的话。

我需要一个更好的办法来督促自己完成那些必须做但又很容易拖延的大规模清洁任务。

有个方法曾在我生命中很短一段时间里见效过：我的儿子们还小的时候，我曾经把周二定为卫生间清洁日，周四则是洗衣日。我决定重新启用这个方法。

当时效果特别好，我的卫生间基本能一直保持干净，我们每天都有干净衣服穿。

惊讶吧？

这个策略很有效，不过我最终还是放弃了。

为什么我放弃了一个管用的策略？

我有两个理由。第一，生活总是充满意外，然后这个模式失败了。我可能连着一个月的每个周二都得忙别的事情。第二，我早就习惯了我的方法会失败。我等着它们失败，我盼着它们失败，我没有为这次的方法不失败而努力过。

不过，我还是决定再给这个"每天做一个特定家务"的方法一次机会。我选了几个看起来工作量很大但又应该每周做的家务。我没有调查"什么工作量大的清洁任务应该每周做"，只是思考了一下每次我开派对的前一周都要做哪些家务。我可以之后再作调整，但我必须马上开始。

我把周一定为洗衣日。"懒癌治疗"的前四个月，我曾经非常努力地把洗衣服作为每日的任务，但我一次又一次地失败了。

周二则是清洁卫生间，周三办事和买菜，周四拖厨房地板，周五掸尘和吸尘。

我自创的日程管用了。

一开始有效果是因为我真的有去遵守。卫生间是干净的，因为我清洁过；地板干净，因为我拖过。

很深刻吧？并没有。其实就是怎么能让自己干活的问题，我在尝试这种新的"每天做个家务"的方法时，慢慢明白了为什么它对我奏效。如果我全靠激励去做大规模的清洁，每次间隔的时间就会很模糊，总感觉很烦人，而且做不做全靠自觉。配上"懒癌视角"，我的觉悟真的很低。等我意识到该拖地了，那么就真的该拖地了，拖地成了一个紧急、大规模的工程。

当我确定了周四是拖地日，那么我每周四都会意识到自己该拖地了。觉悟是随意的，但周四不是随意的，每周都有一个周四。

也不是说我每周四都会拖地。周四拖地是一个目标，但生活总有意外。不过，相比之前那种"我可能该拖地了"的隐隐不安，现在我压根儿都不需要去想。当我知道自己上几周没拖地，我就自然更加意识到自己很久都没有拖地了。

所以我就会去拖地。

总是完不成清洁任务是很烦人的。我鄙视这些烦人的情绪。不过，如果我有明确的计划，这些烦人的情绪就会消失。而实现这个计划，我唯一需要的就是知道今天是周几。通常，这个觉悟我还是有的。

周四是拖地日的美妙之处就在于，周五到周三都不是拖地日了，除非是周四我压根儿想都不用想拖地这个事情，周五的时候我也不用为马桶脏不脏而心烦。

不是说周五的时候马桶不会脏。我们家一共五个人，马桶爱什么时候脏就会什么时候脏，但我有一个每周的清洁计划，我只要对付特殊日子就行，而不是特殊日子加上"不知道脏了几周"的卫生间。我完全可以搞定那种程度的脏，然后等到下周二再来一次。

真是让人舒心，还很管用。

不过，还是不要从每周清洁计划开始，而要从洗碗开始。我明白搞定大事会感觉更光荣，成果也更让人惊叹。我完全明白，但重要的是你得形成一种惯性，调换顺序并不会让你获得这种难得的惯性。

每天固定的任务会带来巨大的改变，它们让房子保持整洁。大的清洁任务看上去是重点所在，但其实每天的家务才是重点。

做好每天的家务才能为每周的清洁任务铺路。真的。

如果你的房子是个狗窝，而你决定要清洁卫生间，那要涉及哪些工作呢？对于我来说，在写博客之前，清洁卫生间包括捡起地上的脏衣服，放好牙刷和梳子，扔掉三管用完的牙膏。在清洁之前我得先完成这些工作，所以感觉上这些工作也是清洁卫生间的一部分，于是我对清洁卫生间的时间感知就严重扭曲了。对于一个对时间的感知已经扭曲了的人，这不是件好事。

在我每天都检查卫生间的杂物之后（"28 天改变你的家"里面的第三个习惯），清洁卫生间就真的只是清洁卫生间，所以我会更愿意动起来。

如果你不相信我，那就在清洁卫生间的时候计时吧。然后在习惯了每天的任务之后，再计时一次。

之前清洁卫生间对我来说很吓人，很愁人，很大程度上是因为我不明白清洁和收拾杂物其实并不是一回事。我不明白是因为如果没有每天做家务的习惯，它们确实是一回事。我确实得收拾好堆放的杂物才能开始清洁，就跟我之前不知道洗碗到底要多久一样，我不知道如果不用收拾杂物，清洁卫生间需要多长时间。

但如果你没有时间每天都完成一个大的清洁任务怎么办？如果你每天工作 12 小时，每周没有固定的空闲时间怎么办？那就怎么管用怎么来。尝试不同的方法，找到有用的那个，但在找到之前，还是得坚持完成每天的任务。没办法，每天的任务即使天塌下来也得完成。

也许你可以把周六作为清洁日，那天把所有主要的清洁任务都做完。也许你可以在第一个和第三个周六清洁卫生间，第二和第四个周六掸尘、吸尘和拖地。

有没有注意到我在上面"灵活处理"的办法中没有提到洗衣服？那是因为衣服必须每周都洗，不管你的时间安排有多特殊。这是有多重原因的，我会在下面一章单独谈谈洗衣服这个问题。

别人的故事

"每周的清洁计划能让我坚持定期更换床单，因为我们的周一是床单日。卫生间的状况也改善了很多，我们每周固定有一天是用来清洁卫生间的。"

——伊丽莎白·M.

"'懒癌视角'对我来说并不是什么新鲜事，因为我也经常忽视房子慢慢变脏这件事。家里不是非常干净就是非常恐怖，所以我开始实行一个简单的日常任务，也坚持了下来，现在周六早上是我的大清洁时间。我强迫自己每天都花时间去转一圈房子，并收拾一下杂物。现在我真心觉得不管什么时候家里来客人我都不用担心了。"

——匿名

11　无法终结的故事

幻想：如果我每天都洗掉一缸衣服，那我就不用再
　　　看到泛滥成堆的脏衣服了！

现实：我开动了洗衣机但是忘记了回去洗完，于是
　　　我洗了同一堆脏衣服一遍又一遍，剩下没洗
　　　的越堆越高。

要知道星期一已经堆积了一些脏衣服。你知道今天是周几吗？
周二。（我写这章的时候是周二，不知道你读的时候是周几。）

你还记得周一在我家是什么日子吗？洗衣日。周一早上我们把
脏衣服洗好、烘干、叠好。

花了一整天洗干净过去一周五个人加起来的衣服之后，看到又

有更多新的脏衣服就跟被打脸了一样。曾经我是这样觉得的：洗衣服就像个无法终结的故事，还是不好的那种。我感觉就跟淹水似的，我拼命蹬到水面，大口呼吸空气，但是更多的脏衣服会突然汹涌而来，缠住我的脚踝，把我再拉到水里。

我没法逃离洗衣服这件事，我没法跑在它前头。

我不知道你家情况怎样，但我家的人每天都要穿衣服，很诡异。就是，每天都穿。

前面我已经说过，在"懒癌疗程"的前期我每周都会新增一项"雷打不动"的任务。严格来说，我是几乎每周都加一项新任务。有件事很烦，一直打乱我的计划，那就是洗衣服。只花一周时间适应洗衣服这项新任务还不够，我得再花一周，然后再一周。

在我家，我从来就没有成功地把洗衣服作为一项每日必做的任务。

洗衣服跟洗碗不同，你得老记着，可记事情还真不是我的强项。

我能意识到我得洗碗和……去洗碗。一旦洗完了，我就能去过小日子了。我喜欢过小日子的感觉和做完事情的感觉。

但要是把洗衣服作为一项每日必做的任务，它就从来没有完成的时候。

我会一直烦恼着洗衣服这件事，然后决定我得彻底改变，不要再为这件蠢事烦心。我把最常用的衣物（内裤、袜子等）都塞进洗衣机里，倒好适量的洗衣液，然后按下按钮。

然后我得等。我又不能干别的事，因为衣服正在洗，我得等到洗衣机停了。

我可以坐下来看着洗衣机转，或者看着秒针走，等着一洗完就跳起来，但是没有哪个正常人会这么干（我也不会）。

如果完成一个家务的步骤中间有超过 30 分钟的空当，我就不知道怎么办，因为 30 分钟刚好足够让我对"永远搞定脏衣服"这个天真的想法丧失所有记忆。

我又不能把洗衣服这项任务塞进任何时间空当里。我可以挤时间把第一部分先做了，但鬼知道该开烘干机的时候我又在想什么、人又在哪里。

当"洗衣服"闪现在我脑海里的时候，我能马上行动，但我就是没法做完它。

一开始，怎么把事情"做完"对我来说是个难题，所以怎么都做不完的事情就是"懒癌"对我的一种特殊折磨。

我知道这个世界上大多数最整洁的人每天都洗掉一缸衣服。我试过。我真的、真的试过。

我试过利用一天里的空闲时间。比如，睡觉前开洗衣机，第二天一起来把衣服挪到烘干机就是个可行的办法。我可能睡觉前还记得开洗衣机，但是第二天睡前我打开盖子的时候，发现昨晚的衣服洗完忘记烘干了，现在衣服都臭了，我又得重洗一遍，而新的那堆衣服又得等到第二天。

第二晚，我打开盖子又发现同一堆衣服，我得洗第三遍了。

崩溃啊。

我试图找个契机让我早上记得把衣服挪到烘干机里。"清空洗碗机之后挪衣服"听起来能行。

但是，虽然我能在做午饭便当和带孩子上学中间挤出 5 分钟来清空洗碗机，但要清空洗碗机加上挪衣服就通常都来不及了——如果我真的想过试的话。

我试过用手机定闹钟。你知道即使手机静音了闹钟还是会响的吧？即使你身处一个无比安静、谁的手机响铃就会被鄙视的场合，它还是会响。你一定又慌乱又尴尬，马上把闹钟关掉，永远都不想再打开了。

我也经历过。

我甚至试过把洗衣房的门打开，门一开，卧室就被挡住了，这样我早上起来就肯定会撞到那扇门。遗憾的是我老公经常起得比我早，他不太乐意我这么做。

我的重点是：我真的试过了。我真的没法每天重复做一个要记住三个不同步骤的活。我能记住一开始的步骤，因为脏衣服就堆在我面前，但我就是记不住要把衣服从洗衣机或烘干机里拿出来，因为它们放进机器里就看不见了。

后来我决定了每天要搞定一项大的家务，比如无论如何都要停下来擦马桶，我确定了每天该干什么，也把洗衣服列进每周计划里。

这次成功了。之前的每一个策略对我都不管用，但是"每周洗衣日"这个方法就一直特别奏效。六年之后，洗衣日还在进行。

如果洗衣日这个主意让你压力很大，那我先来解释一下它为什么对我有效。

我已经说过我喜欢经营项目——就是有头、有尾、有过程的任务。洗衣日的效果就是，把洗衣服变成一个项目，而我最爱的就是项目。

不是说我爱洗衣服，因为……那些袜子真的很臭，但我喜欢搞定这个任务的感觉。

每到周一，洗衣服就是我的工作重心。我前面已经说了一遍一遍（又一遍），重心和专注才是问题所在，我都不记得当时是怎么克服脏衣服数量变多这个问题的了。我都不记得从每天一洗到每周一洗的过渡了。我只记得洗衣服变成了我当天的全部工作重点，我完全不用担心清洁卫生间或者打扫起居室的问题，因为周一就是洗衣服，周一就只是洗衣服而已。

我在赛跑，我有个目标和终点线。

我的周一是这么度过的：

第一步：分好脏衣服，整个房子里的所有脏衣服。所有。

我们一般周日晚上做这个步骤。等等，你以为周一才是洗衣日？是没错，但我们周日晚上就分好脏衣服为周一做好准备。

我一吼"把你的脏衣服拿来"，全家人就特别兴奋。（如果"兴奋"的意思是哀号、抱怨和发牢骚，那就对了，他们很兴奋。）

我们把脏衣服分成堆。这世上有些人就是讨厌分类，我的办法就很为他们着想。我不会分类，有了这个办法我也不需要。如果一天一洗的话，可能你不必分类。但对于我们来说，五个人每天都得换衣服，我们通常能有两堆深色衣物、一堆浅色衣物、一堆白色衣物、一堆牛仔裤和深色毛巾，通常还有一堆床单或者其他什么别的。

不信我？这才五六堆而已。你在想你家不可能只有五堆衣服？可能吧。但我猜想（既然你没有跳过这章，觉得"洗衣服？什么蠢货才会连洗衣服都搞不定？这么简单！"）你可能并不真正了解你家一周会有多少脏衣服。

我之前也不了解。在第二个洗衣日之前，我对一周有多少脏衣服完全没有概念。但到了第三、第四周，真相就会浮出水面了。

就我以前的经历，在想到要洗完所有脏衣服并且开始收拾的时候，我看到的是走廊和起居室地板上都铺满了脏衣服。

我尽我所能，把洗干净的衣服堆在沙发上，倒了就堆到饭桌上。我经常特别生气，因为家人老拿我刚刚洗干净的衣服来穿，然后我只好把刚刚换下的脏衣服放到那堆我还没来得及洗的衣服里，衣服因此越堆越多，永远都不会消失。

第一个洗衣日不能说明"洗衣日"这个方法在你家是不是管用。

如果你赶不上进度，那就不要只洗一周的脏衣服。你应该把还没洗的所有脏衣服都洗了，就像在紧急情况下你得把家人上学上班要穿的袜子、内裤和衣服一次洗干净那样。

第一个洗衣日的工作量包括新买的衣服，因为你之前老觉得干净衣服不够穿。第一个洗衣日还包括你孩子去年就不合适的衣服，之前一直压在脏衣服底下，因为你觉得既然不合适了所以也没有必要洗了。都来不及洗家里人等着穿的衣服了，谁还有时间马上洗要捐出去的衣服？

最糟糕的情况是，如果你严重滞后，你的第一个洗衣日可能不止用一天，可能得用一周。

但终止这个无限循环的关键就是：

一旦你把家里的所有脏衣服都分成堆了，其他新增的脏衣服都能直接扔进洗衣篮里（或者其他你用来收集脏衣服的任何容器）。

不要把新增的脏衣服放进分好的衣服堆里。新增的脏衣服是下周的任务。

不要担心下周要洗的衣服。你要关注的只是这周要洗的衣服，而且这周要洗的衣服已经分成堆了，等着放进洗衣机和烘干机里。

咬牙坚持下去吧。把所有积攒起来的脏衣服都洗干净，就跟解决一个有确定目标的项目一样，要知道会有结束的一天的。这么看，如果你能在下周的洗衣日之前把所有分好的衣服洗完，你就胜利了。

但是（这点很重要），即使你在第一个洗衣日那周的周六午夜之前才洗完所有衣服，你的下一个洗衣日仍旧是下周一（不到48小时之后），即使你再也不想看到脏袜子了。

重来一遍。把家里的每件脏衣服收起来分成堆。

你看到变化了吗？应该可以了。这是显著、可见的变化。

这就是一周的工作量。我说真的，你今天就必须完成，因为这样，下周你就能看见洗衣日的美妙之处。

奇迹就发生在第三个洗衣日。第一个洗衣日你洗的衣服数量多到你都不敢信，第二回你可能会生我的气，因为你都洗到吐了我还要你再重来一次。你终于洗完了五十吨的衣服，该休息一回，作为对自己的奖励。

但是到了第三个洗衣日，你就已经体验到梦寐以求的休息了。你完成了第二个洗衣日的工作，还只用了（差不多）一天，已经不像第一回要用整个星期那么恐怖了。

然后你就完事了。往后一整个星期你都不用再洗衣服了，你不用担心没有干净内裤穿，而且只要打开抽屉（或者，说实话，伸手在沙发上那堆干净衣服里面掏），拿一件就好。

看着洗衣篮越堆越满，脏衣服越堆越多，你也不会打心眼里觉得烦。

因为那是下周洗衣日要洗的衣服。

你平和地度过了不是洗衣日的六天。那六个没有烦心事的日子让你对下一个洗衣日产生了莫名的兴奋感。

对我来说，洗衣日的时间花得物有所值，因为脏衣服终于通通搞定了，不像网上的迷因和哀怨的家庭主妇说得那么绝望。

天啊，在讲完第一步是分类衣物之后我竟然滔滔不绝说了这么多。现在我们继续。

第二步：洗第一缸衣服。我通常在周日晚上就把第一缸衣服放进洗衣机。

第三步：洗完第一缸之后，把衣服放进烘干机，接着把第二缸倒进洗衣机。

第四步：烘干机停止之后，一边把衣服拿出来一边叠好，然后马上把它们放进相应的抽屉里。把湿衣服从洗衣机挪到烘干机，开动烘干机，然后把下一堆脏衣服放入洗衣机，开动洗衣机。

第五步：重复第三步和第四步，直到洗完所有衣服。

多么简单，对吧？

12 拖延站点

幻想：我有超凡的能力去设想事情会如何发展，我
　　　比常人更能分辨出哪些行为是多余的。

现实：我很喜欢"多余"这个词，我善于让事情变
　　　得比原本更困难，因为我总能想到理由不去
　　　做应该做的事。

◎ 质疑 1：把衣服从烘干机里拿出来
就直接叠好是非常愚蠢的 ◎

现在我回过头来回应一下你们在上一章嘲笑的点。

从第四步开始吧。就是我（跟万事通一样很粗暴很自以为是
地）告诉你衣服从烘干机拿出来就要马上叠好并且收好的那部分。

首先，你不用在洗衣日这么干也能让家里产生巨大的变化。我实行洗衣日的前几年一直都没这么干。我每个基因都很抗拒"把衣服从烘干机拿出来就马上叠好收好"这件事。我（在脑子里和对每个有关系的人）给出的理由是我先得把这一整套流程走完。我完全可以在之后任何时间把衣服叠好放好，但现在我得马上把下一拨衣服放进洗衣机里，因为衣服在洗衣机里的时间正是我唯一不能控制的。

马上叠衣服并不能最有效率地利用我的时间，而我又恰恰喜欢有效率！

其实我错了。

你能在这本书里找到一个反复出现的主题，就是无论什么时候我太过逻辑化一件事，说服自己在半路停下来是对的，结果都不会很好。

即使在我的"懒癌视角"看来完全是节省时间的行为，其实也不然，比如把洗干净的衣服暂时放在沙发上然后抓紧把下一拨衣服放进洗衣机和烘干机里。

它就是不管用。我认为它能管用，这完全是有理有据的推论，但它就是不管用。

我不在乎什么应该管用，我只在乎什么确实管用。

我试过了。我把床上、厨房的饭桌作为干净衣服堆放区，我以为我在睡觉或吃饭前就一定会被迫把衣服叠好。

我错了。

这些地方都是半途而废的点，也就是"拖延站点"，而一时的拖延能产生更长久的拖延。一旦我把叠衣服这个步骤推后，好让自己能把衣服挪进洗衣机和烘干机，我就相当于纵容自己往后一整天都不再考虑处理那堆洗好的衣服，我还以为自己会呢。我一直重复着这个"拖延一下，成全大局"的做法，衣服只能越堆越高。

看着衣服堆得那么高也不足以刺激我在睡前把它们叠好。我宁愿一把一把地把它们暂时挪到起居室，因为我真的很累了，我洗了一整天的衣服。

当我终于投降了，决心实行"从烘干机里拿出来就马上叠好"的方法后，奇迹发生了。我成功了。

就是真的搞定了。

每当我从烘干机里取出一拨衣服，我就克制住追求效率的本能而马上把它们叠好。我把它们放在洗衣机上方的架子上，然后打开烘干机门。如果架子不够放了，我就把已经叠好的衣服拿进柜子里，之后马上回来接着洗。

这就意味着我得走去同一个地方两回。这完全就是高效的反义词。

然而，好事就是，衣服都收起来了。

这个现象说起来真的有些诡异。我每洗完一缸衣服，家里的衣服就好像变少了一点儿。我早上起来时脏衣服堆得一地都是，但随着时间过去，它们慢慢消失得无影无踪。严格说来，它们是回到了该回的柜子和衣橱里，但表面看来就跟它们消失了一样。它们都被收起来了，无论在现实还是潜意识里，都在我的视线范围之外了，不再占据我的大脑和精力，我潜意识里不用再想着该做这件事。

这真的是有点儿诡异。

不过，你也不必像我这么做。真的。

我建议你马上叠好烘干机里的衣服，是因为对于我来说这个做法足以改变一切（或者至少是和洗衣服相关的一切），不过你也不必真的这么干。把干净衣服堆在沙发上也行，然后给自己找个提醒（至少几个），让自己记得在睡前把衣服叠了，比如强迫自己叠好衣服才能看最喜欢的那个电视节目。

即使你不完全按照我的方法来执行洗衣日，它也能让你的世界发生美好的改变。

◎ 质疑2：我的"洗衣日"根本没法跟你的一样 ◎

我懂的。"洗衣日"听起来就让人压力很大。当你怎么都讨厌一个家务的时候，想想要花一整天来做（或者第一回的话要一整个星期）真的很残忍，残忍到你会想尽所有它不好的理由来让自己不用尝试"洗衣日"这个方法。

在找冠冕堂皇的理由这方面，我是女王，我能说服自己别人家的好方法对我不管用，这样我就连试都不用试了。

事实是，你的星期一，你的一周，你的家，你的生活状况和我的不完全一样。我明白的，后面会有一整章讨论这个。

作为一个作家，我在家工作，我可以选择周一作为洗衣日，也许你的洗衣日只能是周六。

但我的周一不是每周都一样的，而你的周六也是这样。我周一并不总是在家，而你周六或许也不总是在家。我有时从早上7点到晚上6点都在外面，然而我并没有直接就取消了这项日程，我尽我所能让它进行下去。当你赶上洗衣服的进度了（到了第三或者第四个洗衣日），调整起来其实并不是很困难。

如果知道自己第二天会不在家，我就有动力让自己周日晚睡前把第二拨衣服放进洗衣机里。然后，在打乱节奏的第二天早上，我即使很匆忙，也会一起床就马上把周日晚上洗好的衣服放进烘干机里，然后把另一拨衣服放进洗衣机。如果出门前能来得及把那拨衣服放进烘干机、把另一拨放进洗衣机，我会非常有成就感。因为洗衣日有终点线，就跟赛跑一样。

我周一傍晚回到家再换另外一拨衣服。

你有在数吗？刚刚那就是第五拨了，也就是我每周该洗的衣服数量。即使以前我的洗衣机比较小，我得每周洗七拨，有了这种专注感，这种我知道今天就是洗衣日的决心，我也能把事情做下来。这周也许我没法把烘干机里的衣服立刻叠好，但至少衣服是洗干净了。

有时我也会滞后，洗衣日可能会延长到周二或者周三。也没关系，因为我还在努力完成洗衣服这项任务。我还是能看到尽头的，我只是需要多一点儿时间来完成这个项目——洗干净我们上周的所有脏衣服。

如果你在外头有全职工作，而且非常讨厌用周六来洗衣服（因为你还要购物，还要和孩子们一起玩，还要干别的所有事情），要完成洗衣日的目标就跟我"周一从日出到日落都不在家"的情况有点儿像。这可能意味着你需要花好几个周六来先完成第一和第二个洗衣日的可怕的工作量，但你之前为了应急可能已经这么干过了，或者你也可以去自助洗衣店，全身心地洗完过去一周的脏衣服。

用任何在你家可行的办法吧。

不完美也是可以的。洗衣日这件事，你想怎么干就怎么干，只要你想干。如果洗衣服对你来说没有困难，那就沿用你之前的办法吧，但如果你一直因为搞不定脏衣服而沮丧，那就尝试一下"洗衣日"吧，它可能对你也管用。

可能你的洗衣日跟我的不太一样。可能你有 12 个小孩儿，周一、周三、周五都得是洗衣日，那也是可以的。或者你家脏衣服多得令人发指，一天洗五六缸根本不够，那就多试验一下，看看怎么能行，比如一天洗孩子的衣服，一天洗大人的，反正就是找个办法把这个没法做完的家务做完。制订一个有终结目标的计划。

你可能试过洗衣日这个方法，发现不太管用，那也无妨。但如果你跟我一样，总是能找到一打在现实情况下根本行不通的理由，那你就需要在决定之前先试试洗衣日这个做法了。

◎ 当我们在谈论洗衣服的时候还会提到的一些事 ◎

你什么时候洗床单？或者是另外一些需要独立清洗，但你不会在正常洗衣日清洗的东西，比如毯子、桌布？

每周都洗完衣服的一个好处就是，我的洗衣机在剩余六天（左右）都是零负担的，不管是现实中还是心理上。

所以如果我家狗吐在我女儿的毯子上了，我可以直接把毯子丢进洗衣机里，而不用把里面放了两天的发臭的衣服先洗了。我不用因为没有连带洗一下脏内裤而内疚，因为我们柜子里有足够的干净内裤穿。我可以周五把所有的床单都换了，分两拨洗掉，我可以把脏了的厨房毛巾直接丢进空的洗衣机里。我很自由，我的洗衣机也很自由，我能在需要的时候做我需要做的事情。

还有最后一件事。你（可能）不需要换新的洗衣机，只要你的洗衣机能把衣服洗干净，那就足够了。解决你的洗衣服困难症不在于换一个大容量的洗衣机，或者有个洗完衣服的响铃提示。这些都很好，但我在实行洗衣日的前四年都没有这些。要搞定脏衣服，你需要的是立下惯例，没有立下惯例，这个世界上所有的高级功能和配置都不能给你带来改变。

就是这么悲伤。

别人的故事

"知道了每周一次洗衣日这个方法我特别高兴。我从来没搞定过脏衣服，记不记得挪衣服也是碰运气，如果说实话，就通常是忘记多过记得。现在不用烦恼一整周也能搞定所有脏衣服真的感觉特别轻松。这对我们家来说真是个福音！"

——艾丽西亚·G.

"我一开始真的不愿意尝试洗衣日——我的备用方法好像也不那么糟糕——直到我搬去了一个很小的公寓，我得把衣服运到自助洗衣店洗……第一天简直是噩梦（我一路拽了九堆衣服），不过打那之后，有个固定的洗衣日反而能让我更好地安排日程。我自那之后就特别爱洗衣服：出发、洗衣服、在操场上逗小孩儿、烘干、回家、分类／叠好。腾出一段时间来搞定整件事立马就让我感觉压力小了很多。"

——瑞秋·R.

"我的整个地下室都是脏衣服。在你的博客上看到了洗衣日这个方法后，我以为对我肯定不管用，还是一天洗一次更好些。但我也试过一天一洗，结果是衣服就堆在洗衣机里，还得用醋再洗一遍。所以我放弃了，尝试实行洗衣日。现在，周一是我的洗衣日。我从周日晚上开始，周二早上结束。然后我一整周都不用再想这件事了！我把烘干机里的衣服取出来就马上分好、叠好，或者直接放进捐赠包里！我能看到改变了，更重要的是，我找到了一个让我没有压力的方法！"

——匿名

13 晚饭计划

幻想：我喜欢做饭。我享受在厨房的时间，我享受
从零开始准备饭菜，给我的家人做他们爱吃
的，然后围坐在饭桌旁互相分享当天的经历。

现实：我喜欢做饭，但一年中我可能只有三天能花
一整个小时来准备一道菜。我特别希望能一
家人坐下一起吃饭，但那在时间安排上意味
着我只有不到 30 分钟在厨房准备饭菜。

　　我前面已经列出了基本要点教你如何避免厨房变成灾难、卫生
间发臭或者没袜子穿。但还有另外一项日常任务，如果你没有准备
好相应的策略，每天下午 5 点就会定时让你进入恐慌模式。

　　那就是准备晚饭。

或者，更现实地说，是确保你的家人不会饿死。

在我结束关于习惯和日常任务这部分前，我先跟大家分享一下我准备晚饭的基本策略。吃饭是每天的任务，对大多数人来说，这是一天三次的任务，而当其他人都等着你做饭的时候，这就是个压力非常大的任务。

有些书整本都在讨论这个话题，但我只会写这一章。我打算分享我的绝招，但是，跟家居管理的其他方面一样，几个绝招就能带来大大的改变。

我跟我老公刚结婚的时候，我们有辆小车，每天都一起开车去上班。大多数晚上，我们都一边开车回家一边决定晚饭吃什么。大概两周有一次（不算上周末）我们就在路上找个地方吃，这样我就不用做饭了。

在我的印象里，这完全是可行的，因为当时只有我们两个人，而我又在全职工作。我认为在外面吃是合理的，因为一来我很累，二来我们又真的有钱这么干。但每次吃完回家，我都为自己没有做饭而有点儿内疚，我梦想着有天我能做一个——居家的全职妈妈。

做一个居家的全职妈妈，在家做饭就自然没有问题了。我的家常菜肯定全部都会从零做起，我甚至在网上比较小麦研磨机的价格。我打算"从零做起"的梦想就是这么彻底。

为什么不呢？我要成为居家的全职妈妈。我还有什么别的可做的？

我一直记得有次我们开车回家的场景，我甚至还记得我和丈夫是在哪个交通灯底下一边等一边交谈。我（以一种非常梦幻的语气）

顺着"想想，等我们有了孩子，我们就不用再吃加工奶酪了"而滔滔不绝。

我的白日梦突然被我丈夫惊恐的抽气声打断了。

"什么？为什么不吃了啊？"

"我会从零开始做所有的食物，我们不需要吃方便食品了！"

他完全没有我那种兴奋感。

他就是吃加工奶酪面包长大的，还特别喜欢。我也喜欢，但简便奶酪并不属于我的理想做饭方式，因为那时我会有一生的空闲时间来做饭。

然后我们真的有小孩儿了，我相信你也能猜到接下来发生的事情。在我的白日梦里，小孩儿永远不会哭，现实是我一走进厨房他就哭个不停。然后他还有了个弟弟，弟弟也哭，同时他哥还把橱柜里的所有东西都扯了出来。事情好像跟我预期的不太一样。

但每晚都得吃饭确实是没法选择的。掸尘是可做可不做的，做饭却不是。我在一些事情上马马虎虎，在别的事情上却是动力十足／非常顽固／不可阻挡。经过一段时间，我找到了让我每晚都能准时端出一桌饭菜的诀窍，而且不管日程有多满，孩子哭得有多响。

◎ 计划和清单 ◎

列一张清单。买个漂亮的本子，或者直接从饭桌上拿个打开了的信封，写下下周你要吃的四到五个菜。想好每顿饭怎么做（我不用菜谱，但如果你喜欢用现成的菜谱，那就先读读菜谱），然后检查一下冰箱、冷冻室和橱柜，看看什么食材是需要的，什么是不需要的。在去超市前写下要买什么。

你还可以把信封上的清单贴在冰箱上，用手机拍下照片。这样，你就有两个副本了。你可以在每晚开始做饭前看看冰箱上的清单，也可以在逛超市的时候看清单的照片。

有了计划就不需要临时发挥创意或者在忙乱的时候干着急，比如小孩儿在哭，或者孩子的橄榄球训练快结束了，因为所有都"预先决定好"了。

有了清单就能更好地准备做饭菜所需的材料。要是没有计划和清单，我就只能打开冰箱找最后一种材料（加到我正在做的菜里），然后发现根本没有我要的材料。

清单还能帮你省钱。如果我只是在超市里瞎逛，随手拿些我以为能用上的材料，我就得多花不少钱。所以有张清单很重要。

◎ 囤货 ◎

聪明的买家会在基本用品打折的时候囤上一点儿货。这本书不是教你怎么做聪明买家，但是囤一些基本用品对一个丢三落四的妈妈来说很有用。我可以告诉你（和我自己）列计划和清单是多么重要，但我们都知道不可能每周都这么干。即使我都忙疯了，没有时间去超市，我们一家还是得吃饭。

囤食物得这么囤：开始留意一下你每次必买的东西价格是多

少。浏览超市的优惠传单首页，最实惠的折扣通常会出现在首页。如果你每次都买的东西（而且还能在冷冻室或者储藏室里放一会儿的）在打折，比平时的价格要低，那就多买一点儿。如果我的冷冻室里有肉和冷冻蔬菜，我的储藏室里有意面，那不管我这周多忙我都能做点基本的晚餐。

◎ 善用你经营项目的大脑 ◎

作为一个搞项目的人，冷冻饭菜特别对我的路数，我喜欢用一个周末做好一个月的饭菜。

但我从来没真的这么做过。

我从来没有一次去超市买过这么多菜，或者用一整天时间来做饭。但知道有人这么干之后，我开始翻倍做我们爱吃的菜，比如鸡肉玉米汤或者菠菜千层面，然后把多余的存进冷冻室里。

在尝到不用花一点儿时间和精力也能吃到家常菜的好处之后，我开始找其他办法来利用我的冷冻室，让我的生活轻松一点儿。

在烤鸡胸肉的时候，我会多做一点儿然后冻起来；烤剁牛肉的时候，也会多做一点儿冻起来；做肉丸的时候，也多做一点儿。

这样每次我做鸡肉法士达、玉米饼、意大利面或者辣菜时，都不用先把肉解冻、煮熟，然后清洁油污，这让我特别振奋，下次一定再多准备一点儿。

我对准备饭菜的观念开始转变。我煮好越多的鸡肉存在冰柜里，我就能越轻易地在短时间内把晚饭做好，不管小孩儿在一旁哭得有多凶。

作为一个喜欢经营项目的人，我喜欢在能让生活变得简单的事情上花大功夫。洗碗可能不算，但是这种冷冻饭菜的方式就特别适合我。我强调"这种"方式是因为有些人心中的冷冻饭菜并不是这类，他们想的是炖菜。我婆婆曾问过我在第三个孩子出生之前都在做哪种炖菜，我当时非常困惑。我都不记得和她曾说起的这段对话了，直到我意识到她是在问我会预先准备什么食物冷冻起来。她以为冷冻的饭菜就是炖菜。我很喜欢炖菜但是冷冻的结果好像都不太好，因为我老不记得解冻。

还有，我要成为一个创意大厨的梦想还没有完全泯灭，所以我不想做炖菜，因为发挥空间太小了。万一我们要吃炖菜的那天，我不想做那样的搭配呢？

提前做好食材就很对我的路数。如果食材是可以冷冻的，我就比当天菜谱上要求的量再多准备一点儿。比如，如果我自己动手做番茄酱，我就会一次做三倍的量；如果烤肉，就烤足够吃四顿的；如果煮米饭，我就把整包都煮了；如果我们周六早饭吃得特别丰盛，我就干脆多做点香肠，这样平时早上也能吃到。食材多做一点儿也不会在当天多花很多时间，但是却帮我往后省了不少时间。

做家人喜欢的菜式最占时间的是哪类？对大多数人来说，都是做肉类。如果这一步（包括清理）已经做好了，那你当天愿意做饭的概率会大多少？我的猜想是非常多，就是概率大非常多。

理想主义的妈妈们对要做什么菜都胸有成竹。她们清楚如果孩子们定期跟家人坐在一起吃晚饭，那他们更可能成为成功人士（确实是这样，万一你还不知道）。她们也清楚在家做饭更有利于家人健康和维持支出水平。

而冷冻饭菜这种做法能大大地提高你的家人吃上家常菜的可能性。

别人的故事

"我一周至少用两回慢炖锅。如果菜谱上写着要先把肉烤好（一般来说都是这样），我现在都不会当天早上烤，而是在周末就烤好放进冰柜里，冻到我要用的那天。这样我早上就只要把所有食材丢进慢炖锅里就好了，生活如此简单！"

——爱普尔·M.

"每个月我都会用慢炖锅煮几十磅的剁牛肉和鸡胸肉，把鸡肉切丝或者切块，然后把牛肉和鸡肉分好放进小袋子里。这样，肉解冻得更快，而且晚饭做起来也快得多、轻松得多。"

——朱莉·W.

"我们太喜欢这个方法了！我们提前腌好做玉米饼和墨西哥炖菜要用的剁牛肉，鸡肉也做好，可以直接放进汤里，剁牛肉也可以直接放进烤箱或者炉子上的菜里，也不用担心肉会出油，因为早就煮好滤干了！除非特殊需要，不然一般也不需要将肉提前解冻再放进菜里。所以我来不及做晚饭的时候，这简直就是我的救命法宝。"

——吉娜·S.

"我提前料理好一些剁牛肉，拿分装袋装好放进冰柜里，之后用来做意面酱、辣酱或者玉米饼。只用清理一次油垢的感觉真是太棒了。我也开始用慢炖锅来炖一整锅的鸡肉丝，这样往后一周的菜都可以用上了。"

——梅根·H.

"结婚三十六年，饭也做了三十六年，我到现在才发现提前料理肉类这个方法真的非常好用！简直是我们人生的第一大转折点。我一次做很多鸡肉然后切好，放进分装袋里，反正很多菜式都能用得上。我会把这个提前料理肉类的办法告诉所有的新婚妻子或者新手妈妈，绝对是又省时又能吃上家里放心菜的最好办法！"

——贝斯·R.

How to Manage Your Home
Without Losing Your Mind

Part C

整理与物的
关系

东西变少是一件美好的事情。
它意味着减少碰撞，减少牵绊，
让生活更简单，让我们的情感更独立。

14 脱离掌控范围的东西都是杂物

幻想：我得清理一下房子里的杂物，这样我才能开
　　　始执行日常清洁任务。

现实：如果一直等到我清理"完毕"了，我就得等
　　　一辈子。

当"雷打不动"的日常任务成为每天的惯例时，神奇的事情就
会发生。

时间拉长了。很奇怪，真的。

我们已经确定了，如果每天都洗碗，所花的时间加起来会比几
天洗一次要少得多。很讨厌，但确实是这样，这是"洗碗的数学法
则"。在建立这个日常习惯之前，我都没怎么想过我会有多余时间来
收拾房子，即使我当天不用洗一个碗。但如果我每天都能把碗完完

全全洗完，在 15 分钟之内，我就已经有可见的劳动成果，而且还剩下一整天的时间，并且这个可见的劳动成果还会鼓励我接着努力。

如果打扫房子总是从厨房开始，而清理厨房要花几小时，我就基本没有什么机会能进展到房子的其他部分。但如果清理厨房需要的时间少得多，那我就可以做点别的了。

我得清理杂物，就跟脏盘子在厨房堆成堆一样，杂物在我家也堆得到处都是。

我喜欢各种杂物，我也有很多杂物。如果什么东西很便宜或者免费，如果我很喜欢它或者想象自己某天能用上它，我从来就不会问"为什么要买"，我会问"为什么不买"，然后直接拿回家。所有这些小物件混在一起，确实让人很心烦。

细小可见的劳动成果驱散了我的"懒癌视角"。没有了脏盘子的厨房让我视野开阔，我看见了两个空的防粘喷雾罐，就放在一罐新的旁边。厨房除此之外都非常整洁，所以这两个空罐子特别显眼，我马上就把它们扔了。

这又是另外一个可见的劳动成果，于是我充满动力，继续干活。我决定清理厨房的橱柜。我还有一点儿时间，因为碗都已经洗完了。

建立日常清洁习惯不仅可以空余出时间来清理杂物，还可以让我们知道该清理什么，这就能减少清理杂物的痛苦。我太了解清理杂物的痛苦。作为想象界的女王，我可以为杂物堆里的任何一个物件想出它们应该存在的合理借口。

最大的问题就是，很多时候，我都是对的，我的想象都成真了。

如果我们没有干净盘子了呢？如果有客人来家里，我们都没有干净杯子给别人倒一杯酒呢？如果我们哪个周四就没有干净内裤穿了呢？如果我要留一张隐晦的纸条让老公知道我被绑架了呢？难道我不应该庆幸我留着那张纸吗？

我从来不需要给搜救队留纸条，但我们确实时不时用完干净盘子，没有内裤穿的危险每天都笼罩着我们。

安全起见，我需要更多盘子、杯子和一大批纸餐具，以防万一。即使我家橱柜根本放不下所有这些餐具，假设它们全都洗干净了得收起来。

然而，一旦我建立了日常清洁习惯，我就能看见现实了。我的想象就只是我过于活跃的想象力的结果。我开始相信自己来得及洗碗，我们家也有足够的餐具。

我明白我需要清理杂物，是因为我体会到（每天都能，而不是阵发性、一生一次那种）如果将所有餐具都洗干净，把它们都放进橱柜里的难度有多大。我知道我少几个盘子也能活，因为我从来没用过它们，它们从来没有离开过柜子。

每天洗碗的习惯建立了几周之后，我终于意识到我来来回回都在用同样的盘子。

不是这样，我压根都没机会知道我最爱用哪几个盘子。

自从我相信自己每天晚饭都能有干净餐具之后，把剩下不需要用到的餐具扔掉就是很简单的事了。

我每晚都把我们喜欢的盘子塞进洗碗机里。我每晚都把它们塞进洗碗机是因为我们每晚都要用。我们每晚都用是因为它们总是干净的。

我终于不买新盘子了。之前总是没有干净盘子用，让我总隐隐觉得家里的盘子不够多，我就会买更多的盘子，然后拖更久再洗一次碗。因为我拖得久了，洗一次碗就要花更多的时间，然后我的压力就更大。

然后买更多的盘子。

然后拖更久。

然后碗堆得更高。

然后我的压力更大。

这是一个恶性循环。

但是这个循环也能倒过来。一旦那些多余的盘子没有了，收拾餐具就变简单了。我不需要各种推挤挪移地把柜门关上，我甚至都不再买纸盘子了，因为我不需要它们了。

这个道理简直放诸四海而皆准。

从前，我压根不知道衣服也可以是杂物，因为衣服很有用，而且我们需要衣服。

就跟餐具一样，我在熟练掌握洗衣服的节奏之后才明白衣服也可以是杂物这个真理。在实行"洗衣日"之前，我并不知道我们有多少衣服和我们需要多少衣服。我只知道我们总是没有衣服穿，所以我以为我们还得再买。

所以我就接着买新衣服。衣服越多，我就可以拖更久再去洗衣服，但到了不得不洗的时候，衣服已经多得把我完全压垮了。

如果你也一样有压力，那就听我一言：等洗衣日变成你的一个习惯之后，扔掉不需要的衣服就会变得轻易。

到了第三个洗衣日，我注意到我洗的衣服跟上次洗衣日的一模一样。我的孩子也有了一个新体验，因为他们的衣服终于全部都洗干净了。

他们的新体验就是，可以选择穿什么衣服了。

他们会选自己最喜欢的衣服穿。等那几件最喜欢的衣服洗干净了，他们又会再拿来穿，因为那是他们最喜欢的衣服。

在第三个洗衣日，我把洗好的衣服放回柜子的时候，我注意到哪些衣服他们没穿过。这是有史以来的第一次，我知道哪些衣服最受宠，哪些是他们别无选择的时候才会穿的，这就让清理行动变得容易了。

我的经验之谈就是，即使质量好、实用、合身的衣服也可能是无用的杂物。任何数量太多因而脱离我掌控范围的东西都是废物。

我之前囤内裤是因为我害怕内裤来不及洗，不够穿。一旦我确认家里每天都有干净的内裤，我就可以松手把多余的存货扔掉了。

这就是为什么我恳请你们从培养日常的清洁习惯开始，在"懒癌疗程"的起初就努力解决家里无法解决的日常问题。清洁习惯能让清理杂物变得简单，清理杂物又能让清洁习惯得以保持下去。

两者是相辅相成的。

如果家里的杂物到处都是，要保持每天的清洁习惯是很艰难的（有时看起来还不太可能）。但没有了清洁习惯的维护，清理杂物带来的改变也不会持久。如果我对杂物做了一次大清理之后就不再去管它，那当我再次留意到它的时候，又会是一场灾难了。

我之前从不知道发生了什么，而现在我知道了，其实问题就在于少了什么，少了好的习惯。

别人的故事

"因为洗碗在我们家从来不是头等大事（有几周我和老公甚至一周才洗一次碗），所以我们什么东西都有好几套！说实话，谁家需要四把比萨刀、三个滤盆？……到了第三天，家里的所有餐具终于都洗干净了，我把两套煮锅和煎锅，还有其他多余的占地方的东西都送人了。不再有成堆的脏盘子或者多余的干净餐具占据我的厨房了，这感觉太爽了！"

——塔比瑟·J.

"我一直特别想要一个很大很美的衣柜，我后来发现拥有这个'很美的衣柜'的后果就是我房间里有一大堆脏衣服。我扔掉了大概3/4的衣服，这样脏衣服就少多了，而且每周都能及时洗干净、收好。这就是敢于拥抱现实的我。说句心里话，我就只怀念里面的一件毛衣……"

——P.D.

"我老公和我都习惯性地等到橱柜里的每个碗都是脏的，然后开始恐慌（而且一般还会吵起来），因为那一大堆碗根本没法一次性洗完。我开始清理餐具……然后发现如果我的餐具少一点儿的话，确实能洗得更勤快。而且，即使家里每个碗都是脏的，我也不用在水槽边洗一小时那么久。"

——莎拉·P.

15 东西变少是一件美好的事情

幻想：我需要想办法整理所有这些杂物。

现实：我有太多杂物要整理。

如果你家的东西太多，任何清理行动的最艰难的步骤都是开始。我知道，因为我也经历过。但我保证按我的方法你能做下来。

这是第一步：不要开始整理。

"整理好"不需要成为你的一项任务。

我不是个讨厌整理的人，但在处理一个完全失控的空间时，"整理"便不再是我的目标了。

以前是的。整理就像是一个伟大的项目，而我喜欢项目。我会思考、分析，买收纳的容器，比如箱子、盒子、篮子，看起来都是解决我的问题的最佳方式。

等我从超市回到家，我整理的热情就跟漏气的气球一样慢慢消减了，咻……那一大袋可爱的新容器就放在了一旁，被遗忘了。

我不仅成功拖延了，我还在没开始整理之前就给家里多制造了一点儿杂物。

即使我没有掉进"我必须买更多萌萌的收纳工具"的圈套里，我也没辙了。

整理是在解决问题。解决问题（尤其是在这上面失败了一遍又一遍之后）会让人压力很大。我看着，做分析，想出各种策略，并且预测这些策略可能失败的每种方式。

我深深觉得必须一劳永逸地解决这个问题，让我家在未来的每个阶段都不再受到困扰。

刚开始"懒癌疗程"的时候，我非常坚定要避免之前我一直失败的方式。即使我确定"整理"是我的目标，我也需要改变整理的方式。就跟我培养日常习惯一样，我需要从小处开始，越小越好：我先专注于扔掉家里不用的东西。

◎ 关于我和杂物的小故事 ◎

我独立生活之后攒了太多东西。我和老公结婚之前，我们都各自住，都各自有一整套的生活必需品。我们还收到了很多结婚礼物。我们度蜜月回来，家里的起居室都堆满了东西。

我们一共有三个吐司机，但我并没有扔掉我们没在用的另外两个。我觉得没必要扔掉，因为公寓里有足够的空间来存放东西。我以为在搬到更大的房子之前，保留所有东西是一个理智且省钱的做法。等我们有房子了，等我们安定下来了，我们就可以决定到底留下什么。既然我们可以推迟一点儿再决定，那就没有必要现在决定了。

现在我能看到这种想法背后有很多问题，但在当时看来，那简直就是无懈可击。

为什么留着所有东西？为什么不呢？

两年之后我们搬进了新房子，我清理掉了很多东西，但还是保留了所有我认为在未来某个时刻可能对我们有用的东西。作为一个理想主义者，我喜欢"可能"这个词，我不能忍受扔掉任何有"可能性"的东西。

然后……然后我发现了"旧货卖场"这种东西的存在。很快，我又发现了易贝。不久之后，我就把这两者组合起来。

表面上，这是一个完美的组合。我用几毛钱就能买到别人家的杂物，然后以几美元的价格卖出去。对于一个居家妈妈来说，易贝真是太赞了，我之前从来不知道还能趁宝宝午睡的时候赚点小钱。

但我买东西的速度比我卖的速度要快，结果就是我家的杂物越来越多，这些东西我自己都不想要。我们要搬去一个新城市的时候，我对房子的主要要求就是得有一个"易贝房"，专门用来存放我带回家的杂物，这就能解决我所有的问题了。然后我有了"易贝房"，它被我塞满了杂物，而其他的房间塞满了我家的日常杂物。

随着我家人数的增加，我开始发现家里东西太多的恐怖的一面了。我孩子的卧室都是玩具，但他们却没法玩，因为没有开阔的空间。游戏室堆满了膝盖那么深的道具服和玩具，没人愿意进那个屋。

然后有一天，我妈给我的每个孩子都带了一盆盆栽。她是园艺俱乐部的忠实粉丝，所以给每个孩子都选了一种特殊的植物。最不可能浇水的孩子得到了一盆仙人掌，有爱心的得到了不（那么）可能因为浇水过量而死的植物，喜欢炫耀的孩子得到的植物有着茂盛、舒展的叶子。她是个出色的姥姥，她告诉孩子们几个月之后他们的植物会有一场比赛。

　　孩子们都很兴奋。比赛？他们自己种的植物？还有绶带？他们都觉得这个主意太棒了。我妈从她的小货车里抽出来一个园艺架，拿进了我的房子。架子一共有三层，大小刚好适合放那些盆栽。她架起架子的时候，我的眼眶湿润了，觉得都要喘不过气来。

　　我认出了那个架子，那是当时我妈和我买来放在我大学公寓里的。我怀第一个孩子的时候，我把它漆成了白色，放在了婴儿房。

　　大概一年前我把架子给了我妈，因为我得把它清理掉。

　　我给她这个架子的时候心都碎了。清理掉这么彻彻底底有用的东西，对我这样的人来说真的跟被刀割一样，但把它重新迎进我家又让我感觉压力很大。我想象着它又堆满了杂物，想象自己在试图避开家里其他杂物而挤过去的时候把它撞倒了。

　　我忍住不哭出来，我的恐慌让我觉得丢人，但过去的经验让我着实感到害怕，如果家里再多一样东西（尤其是已经扔掉的东西），我会彻底崩溃的。

　　我很想成为那个高高兴兴地给孩子们办植物比赛的妈妈。我希望孩子们的成长过程能伴随着美好的回忆，一些简单的事情在他们幼小的心灵里却是非常重要的，但家里过量的杂物让我不能成为那个我一直梦想成为的妈妈。

我知道一个架子和一盆仙人掌并不会改变我的生活，但那些我觉得会让自己崩溃的时刻却足够可怕。我知道我得改变杂物摆放的方式，但我为整理杂物做出的努力都只是石沉大海，连个响儿都没有。

　　我刚开始写博客的时候，精力都集中在清理杂物上，但我觉得做得还不够。我以为现在清理杂物是为了最终能够把所有东西都整理好，但在我清理的时候，房子的状况就已经改善了，变得更加适宜居住，而我也不再那么焦虑。不用的东西离开了，心灵的平静也就到来了。只过了一阵子我就意识到了这个事实。

　　有一天，为了激励自己继续努力（也是我"写博客来让自己负起责任"计划的一部分），我决定录些视频。我打算收拾儿子们混乱的卧室。在去学校接他们之前我并没有多少时间收拾，但我又得做个视频。

　　我决定就只清理杂物。因为没有足够的时间"整理"，我就只扔掉了他们不需要的东西。在视频里，我事先给观众道歉说我做得不太好，因为我没有"整理"。

　　但神奇的事情发生了：一旦我扔掉了该扔掉的东西，整个空间看起来就很整齐。

　　我意识到这就是我一直在做的事情。我就只是在清理杂物，而只是清理杂物就已经足够了。

　　我允许自己不再担忧"整理"这件事，我就单单清理掉杂物就好了。

◎ 我又来告诉你该做什么了 ◎

当空间里的杂物都清理掉了，整个空间就变得相对整齐。如果我把家里不需要的东西去掉，就没有杂物挡着我们真正要用的东西了，我们在空间里是可以正常行动的，我们可以使用那个空间。难道这不正是"整理"的目标吗？

清理杂物仅仅是扔掉我不需要的东西，整理则是解决问题。当你东西太多的时候，问题就很严重，感觉没法解决。允许自己只是清理杂物就是允许自己行动起来，我不需要计划或者大把的时间。

体验到这种自由之后，我就一直在清理杂物。我一直清理，慢慢地感受到了东西变少的美感。

◎ 多不如少 ◎

"只是清理"就是我的计划，"东西变少"就是我的目标。

我们的东西变少了，整个房子都能保持正常状态。玩具变少了，孩子们房间的地板就能更长时间保持干净，因为他们不用经常从架子上扯下来东西，撒得一地都是。锅碗瓢盆变少了，厨房柜子的门就能很容易地关上。

我可以在任何时间段里达到"变少"这个目标。与其一直给自己理由拖延收纳工程，等到有时间再说，不如在 15 秒之内达到"变少"的目标，把一件太紧身的 T 恤放进捐献箱里。

变少多么美好。

◎ 我不能保持整齐，但我能持续变少 ◎

我经常看这类电视节目，一个清洁队走进屋里拯救了一个脏乱的女子。等到这些救兵说再见的时候，房子里的零零碎碎都已经被整齐地放在角落里，整个房子看起来特别整洁。

我很嫉妒，但又不嫉妒。

我嫉妒是因为房子看起来那么漂亮，但又不嫉妒是因为我知道有人进来把东西收拾好，然后留下我自己在原地惊叹的感觉是什么样的，我也知道负责整理的人那满意的眼神不会出现在我的眼里。

爱整洁的朋友和亲戚们都曾多次帮我解决过问题，我也很喜欢他们收拾完之后的感觉。开始时我还下决心要维持下去，我知道要维持下去我得做什么。我得把用过的东西放回原处，放回之前那个或大或小的空隙。

但尽管我一次又一次地下定决心，我还是失败了。每一次到最后，我就随便把东西放这儿放那儿，导致东西又成堆了，杂物又出现了。

然而，维持"变少"这个目标我还是可以做到的。与其担心把东西放在什么地方，我宁愿直接扔掉我绝对不需要或不会用到的东西。我还是会继续随便把东西乱放，这是肯定的，但杂物没有那么快成堆，也不会堆得那么高，因为东西变少了。东西变少了，杂物堆也就变小了。乱放的东西都是我需要用到的东西，所以我再需要用到它的可能性就增加了100%。每次我用到它，我就很有可能会把它放回对的地方。

另外，我在做每天的"5分钟收拣"时，我不是在清理杂物，只是在收拾——我用过的东西。

尝试一下不去"整理"吧，你会爱上这种感觉的。

别人的故事

"对于我这种沉迷厨房的人来说，搬进一个小厨房真的非常、非常困难。在买那些能够'无敌'节省空间的储物箱之前，我强迫自己先检查一下什么东西能放进橱柜里，什么不能。我扔掉了所有功能重复、坏了、还没拆包装的厨具。最后，我只买了一个收纳箱，因为我终于了解了我的厨房真正需要什么。现在在'鞋盒'那么大的厨房里，我也能自由呼吸了。我打开橱柜的时候没有东西倾泻而出，我觉得现在的厨房比我之前那个巨大的、拥挤的厨房好太多了！"

——瑞秋·R.

"'只是'清理杂物的主意帮我搞定了那些停滞不前的整理工程——开始时你可能还充满热情，然后就慢慢冷淡。（我正看着你们呢，拆掉等着重装的椅子！）与其找个更好的办法来持续这些工程，整理好所有零碎，我宁愿尊重我的时间和兴趣，或者……直接把这件事情从我的生活里清理掉好了。"

——莎拉·A.

16 从简单做起

幻想：我得把最艰难的事情先搞定了，之后我就可
以开始做下一步的改变了。

现实：所有东西都很困难，真的太难了。我还是先
去打个盹吧。

"收纳瘫"这个病真的存在。

很多人还没开始清理和收纳杂物就决定放弃，因为他们有个富
余的空间，但我（至少）有二十个这样的空间，一样没用。我真得
找个办法来治治我的收纳瘫。

从简单的东西开始，那就清理垃圾吧，清理垃圾很简单。

我确定这堆东西全都是去年孩子们的书本文具，确定清理这堆
杂物需要我非常仔细地检查每件东西，决定要不要循环使用，还得

各种分类整理。

但其实我的目标就只是让东西变少，所以我从清理垃圾开始。

开始之后，我一般都会发现这堆杂物里有很多东西都不需要经过我的思考就能扔掉。背包底下揉成一团的纸，如果你不知道是什么，看着就像里面有很多东西，其实不过是废纸。断了的铅笔、裂开的文件夹、用完的颜料，都是垃圾。

垃圾都清理完之后，要处理的杂物就变少了。变少永远是件好事。

在我家的厨房，橱柜里一般都能找到几个空的零食纸盒，或者只剩一茶匙面粉的袋子，这些东西都是垃圾。把它们扔掉之后，柜子看起来会整齐很多，这种视觉效果让我一直有干活的动力。

但扔完垃圾之后，我的心悸又发作了，因为还剩下这么多东西。

当一个空间充满杂物的时候，看起来就会让人压力很大。克服收纳瘫的关键就是让这个空间的东西看起来不那么多，给人的压力越小越好。

从简单的东西开始，扔掉那些扔掉也不会心疼可惜的东西。

乍一看，那堆摇摇欲坠的杂物好像只会让你越看越心悸，那就摇摇头，闭上眼，再看一遍。

不要盯着那堆杂物，盯着另外一件不在那堆杂物里的东西。这件东西摊在那里很久了，看多了也不会心慌意乱，也不会引起决定恐惧症。

暂时不要想那堆又大又高又可怕的杂物，拿起那件单独的东西放回原处，马上。

当你回去面对那堆杂物的时候，它已经变小一点儿了，没那么可怕了。

找到另外一件容易处理的东西放回原处，并一直重复这个步骤，接着找容易处理的物品。

你的每次动作都在克服你的收纳瘫。杂物堆里的东西每少一件，你就在前进一步。

拿我的餐厅举个例子（完全是假设性的例子）。每当餐厅变得一片狼藉，我都得忍住想转过身去假装什么都看不见的冲动。

然而，我也可以从简单做起。

角落里那个装满圣诞装饰的绿色大箱子很好处理。它不该放在客厅，而该放进车库里，这个决定来得没有痛苦，因为这不算是个决定。

这个盒子留在了餐厅，是因为我们三个月前取下了圣诞装饰，我把盒子留在这里，是想等到圣诞节毛巾洗干净了之后一起收进去。现在都四月了，那个盒子在餐厅待了三个月这么久，乍一看，我大脑都没反应过来它不该在那儿。

等我拿走了盒子（马上放进车库里），餐厅看起来就不那么让人烦乱了，因为那件占地方的东西没有了。

现在我再找找有什么容易处理的东西，比如扔掉饭桌上那两三个（或者七八个）空的亚马逊箱子，它们堆在饭桌上太久了，以至于我都自动忽略了。

然后我把椅子摆放好，挪走自从圣诞节晚餐就放这儿的几把不配套的椅子。挪走椅子很简单，但可以让餐厅看起来整齐不少。

现在，我的餐厅看着比之前好太多了，我也没那么发愁了，这都是因为我做了几个简单的动作。

我家的东西总是会在奇怪的地方出现。这通常都是有原因的，但久而久之，我们就都忘了，直到家里堆满了杂物，我们不得不开始收拾。我不需要知道一件东西为什么出现在那里，我只需要把它放回原处。就是这么简单。

别人的故事

"从简单做起完全改变了我做事情的方式！因为行动起来需要太大的勇气了。这样，你还不需要一次性把事情做完——从简单做起这个原则适用于每个阶段。我在工作中也能用到这个原则。从简单做起让我能在早上就行动起来做点什么！"

——林赛·N.

"每次我因为想马上把房子搞干净而感到压力很大的时候，我就得说服自己：先清理垃圾。这给了我很大的动力！太赞了。有时，我也会反驳：'但我不知道是不是所有看起来像垃圾的东西都是垃圾啊！'我会告诉自己：'那就扔掉那些肯定是垃圾的东西。'然后我就一边抱怨，一边扔掉明显的垃圾，慢慢地越做越起劲。有时，我都没有意识到，我已经整理干净了，给了自己一个大大的惊喜！"

——玛撒·R.

"从简单做起意味着你总能做成一些事情，做成一些总比啥都不干要强。"

——露西·L.

17 收纳和限度改变你的人生

幻想：收纳箱会让我混乱的房子变整齐。总有一天，
　　　我会找到合适的收纳箱，我的东西会整齐地
　　　存放好，跟杂志上的一样好看，而且永远都
　　　能那么好看。
现实：我买的收纳箱放不下我的东西，所以我得买
　　　更多的收纳箱，可还是放不下，而且我的收
　　　纳箱跟杂志上的一点儿都不像。

在我的孩子还是小婴儿的时候，我参加了一个妈妈们的聚会，听教堂里一个年长的女士给我们讲怎么理家。去之前我是抱怀疑态度的，但我希望她会是我一直等待的指路明灯，给我一点儿启发。

她说的很多东西都有道理，除了关于杂物的部分。她讲到了架

子的空间问题，然后问我们怎么利用架子的空间。她说，我们应该问问自己，这件物品放在架子上值不值当。

我完全蒙了，完全不知道她要表达什么。我点头是因为房间里的其他人都在点头，她们好像都懂了，只有我不懂，完全不懂。

然后那位女士随意提了一下"一进一出"的原则，就跟这是个大家都知道的东西一样。

再一次，每个人都在点头，而我试图不要让自己表现出困惑的表情，我觉得她在说另外一种语言。

现在我能理解我当时听不明白的话了：我家完全有可能会不够空间放东西。

我以前很喜欢架子，我在旧货卖场找到过很多个非常合适的架子，而且只要 10 美元（有时候是 5 美元），"我不够空间放置所有杂物"的问题就会全部解决。我买了架子，然后发现我的小货车放不下那个架子，我带不回家。

我打电话给我老公，问他怎么办。他长叹一声，问我想把这个架子放在哪里。我翻白眼，觉得这个问题太蠢了。哎，这是个架子啊，架子是要解决杂物问题的，它不是件杂物。

我们找到了把它运回家的方法，我把漂亮的新架子从车库拖进我那个都是杂物的家。我环视一圈，发现我真的不知道应该把它放哪里。

好吧，在我找到地方之前先把架子放在车库吧。总有一天，等我把东西都整理好了，我会很高兴我已经买了这个架子，而且只要 10 美元！我太聪明了，不用在外面花十倍的价钱买一个，只有那些"不像我这么聪明"的傻瓜才会干这种蠢事呢！

然后有一天，我正在努力整理我的厨房，突然明白了那位发言的女士是什么意思，我明白了为什么这么多架子都没能让我家更整齐。

收拾的时候，我决定要在储藏室专门弄一个放菜谱的架子。我的菜谱多年来一直颤颤巍巍地摞在冰箱顶上，多得能放满一个半架子，但我只能匀出来一个。

我本能的"懒癌逻辑"得出的解决办法是再来一个架子。我只能买更多的家具放在本来就满满当当的厨房，直到我们有钱换一个新房子，一个更大的房子，让我能有空间放下所有的菜谱。

但这个逻辑就是让我陷入如今绝望境地的原因，让我绝望到要写一个匿名的博客来督促自己，所以我得想另外的办法。

我突然意识到那些善于整理的人提到"一件物品是不是能充分利用架子的空间"是什么意思了。他们是说，架子的空间是有限度的。

架子的大小决定我能放多少菜谱，我不需要想放不下的菜谱该放在哪里，我不需要把多余的摞在其他书上（跟我以前的做法一样），相反，我需要决定哪些菜谱值得放在架子上，然后扔掉放不下的。

这就是我的启发。

我开始用"值不值得放在架子上"的眼光审判我的菜谱。我先放上我最喜欢的菜谱。等到架子放满了，余下的书就是我不那么喜欢的了，它们不值得放到架子上。

架子有一个客观的限度。如果我默认了这个限度，我就不必为该留多少本菜谱而纠结，架子的大小已经帮我做了决定。

我从没考虑过我最喜欢和没那么喜欢哪本菜谱,菜谱我都喜欢。我喜欢它们代表的东西和它们包含的可能性,但一旦我意识到架子的大小决定了我能保留多少本菜谱,我就能清楚地看到我最喜欢哪几本,我的焦虑消失了。

不幸的是,我的幸福结局在一小时内就受到了威胁。等我把所有能塞进去的菜谱都塞到架子上,把没那么有价值的放到捐献箱里之后,不可避免的事情发生了。

我发现……多出来了一本。这本菜谱我真的非常喜欢,我甚至对它爱不释手。

因为我对自己的收纳能力一点儿信心都没有,所以我很害怕,这样的事情老是发生。我以为自己解决了问题,然后,通常不会很久,总有些东西打乱了一切。

又然后,我灵光乍现,明白了那个"一进一出"原则。

善于整理的人都遵守"一进一出"原则。妈妈聚会上那位发言的女士是在快速简洁地回答在场听众的一个问题的时候提到的(只是提到了,没有详细解释)。我假装我听懂了,其实我没有。

万一你也不懂,我来解释一下什么叫"一进一出"原则。如果你明白无论谁家都不可能存着所有东西(除非你是疯子),如果你明白你能利用的空间在客观上是有限度的,那么你就能明白要是有新东西进来,旧东西就得离开房间。

我说的是正常的房间,不是"不管怎样先塞进去再说"那种房间。

作为一个善于"塞东西"的人,我之前不明白这点。如果抽屉关不上了,我就会怪那个抽屉,觉得我需要更多抽屉。我从来没想过是我抽屉里的东西太多了，因为我不知道抽屉的容量是有限的。

以一换一是不会带来什么改变的。如果我买了新袜子，然后换掉一双旧的，抽屉还是关不上，那这个原则能有什么用呢？为什么还要遵循？

其实是因为我的袜子太多了。

我之前真的不知道袜子还能嫌多。有袜子多好啊！我不明白"一进一出"原则，是因为我不明白"限度"这个问题。

然而，一旦我意识到架子的大小决定了我能保留多少菜谱，我就意识到了如果我想保留那本多出来的菜谱，我就得决定架子上哪本书我最不喜欢。拿掉，然后换上我喜欢的这本。

焦虑？一点儿都没有。架子帮我做了那个艰难的决定。我不需要自己决定我这种烹饪能力的女性真正需要多少本菜谱，我要做的就只是选出我最不喜欢的那本菜谱。

意识到房子的空间不可能扩大来放下我的所有东西之后，我也懂得了收纳箱的精华在于控制。

跟架子一样，收纳箱也是有限度的。消防员在扑灭野火的时候，重点是要控制火势。野火就是失控了的大火，会到处蔓延。

我的房子也处于失控状态。

如果我专注于整理一小片区域，杂物就会蔓延到另外一片。如果我的精力转移到新的区域，杂物就会挪回到原来那片区域。

收纳箱可以控制，可以设定限度。它们把杂物收进来，防止它们蔓延。

收纳箱装满了，我就知道我可以保留多少东西。如果我试图往箱子里塞更多东西，直到塞不下（跟我以前那样），东西就会掉出来变成杂物。

控制在火盆里面的火是好的，因为火势太大烧到火盆外面就变成坏事了，还是非常严重、非常可怕的事。

东西变成杂物之后会越来越多，这也很可怕。

之前收纳很困难是因为我的杂物都是自己想要的，我留着每件物品都是有理由的。可能是打折时候买的，可能是别人送的，可能是我产生了什么好的想法，买了装备，等着哪天实现那个想法。

我很焦虑也很着急。我想象着我能用上所有这些杂物的场景，并且希望家里有足够的空间放下它们。

明白了"收纳概念"之后我改变了理家的视角。

"收纳概念"消除了（或者大大减少了）我根据自己的好恶程度来决定要不要保留/扔掉某件物品的压力。作为一个拟人论者，我小时候尽量不去亲任何一个娃娃，因为这样我就要亲遍其他五十个（为了表示自己不偏不倚）。根据个人喜好决定物品的去留对我这样的人来说非常痛苦。

明白了收纳的原理之后，我意识到决定权还真不在于我，收纳箱才是决定方。我不用回答"我会不会用到这个"，我只用决定它能不能放进收纳箱。能不能放进去不是个人选择——是客观事实。

比如文具。我喜欢在箱子或篮子里整齐摆放马克笔、铅笔和纸。

我的文具箱根本不长这样。我的就是一片混乱，每次我想把东西整理分类好，都感觉很挫败。

我不明白容器的作用其实是控制，是限制容量。

如果一个收纳盒装不下我的全部珠子，我会再弄来一个收纳盒；等第二个收纳盒也装满了，我就会买第三个、第四个；如果第四个收纳盒塞不进架子里，我会把这些装满珠子的收纳盒放到另外一个架子上，然后我就没地方放颜料、纸和剪刀了。

一旦我明白收纳盒的容量是有限的，我就知道我不能留着所有珠子，我只能留着那些能放进收纳盒的。我从"懒癌"的迷梦中惊醒了，我意识到我只有一盒珠子也能活，一盒就够（或者两盒）。

"收纳概念"告诉我舍弃好的珠子也不是什么大事，我不需要因为它们是好的珠子就留着它们，我不能留着它们是因为我没有地方放了，收纳盒帮我做了这个决定。

我开始明白"收纳概念"适用于所有层次的杂物整理。收纳盒决定了我能保留多少珠子，架子决定了我能放多少个收纳盒，房间的大小又决定了我能放多少个架子。

解决杂物问题的方法不在于多找一个收纳箱，多放一套新架子，多建一间新房间，或者买一套新房子。解决杂物问题的方法是让我的房子控制我的杂物数量，我不能放置超出房子容量的东西。

抽屉和衣柜的大小决定了我们衣服的数量，卧室的大小决定了我能有多少个抽屉和衣柜，房子的大小决定了卧室的大小，因为我不愿意为了衣服而牺牲厨房的空间。

"收纳概念"会改变你的人生。

别人的故事

"我一直以为如果我没有地方放东西了，我就需要更多储存空间（比如箱子、篮子、架子等）。'收纳概念'完全改变了我的人生！现在我把家里的每个地方都看作有固定容量的'容器'，厨房的抽屉和橱柜、我的衣柜、我的梳妆柜，甚至整个房间和地板都是！如果东西放不进这些固定的'容器'，那就该扔掉了！'收纳概念'也能帮我避免冲动购物，我只要问问自己：'这东西能放进哪里？现在有地方放吗？'"

——梅琳达·P.

"'收纳概念'改变了我购物的方式。我以前买东西从来不会停下来想这些东西该放在我家哪个地方，简直跟杂货市场差不多。现在买东西之前我都清楚它该放在哪里，有什么用，同时我也有勇气扔掉收纳箱里那些'不值当'的东西。如果我的一百双袜子都得塞进一个抽屉里，我就不会留着那一直穿了15年的破洞的圣诞袜子。"

——艾米丽·N.

"顿悟了'收纳'这件事之后，我们重新收拾了一遍女儿的房间。有些收纳箱是有盖子的，如果盖子盖不上了，她就得做个选择。妈妈不是一定得做坏人。她有个衣柜可以放杂物，但门必须得能关上。她讨厌这种对待杂物的办法，但她奇迹般的没有再要更多的地方放东西，也没再多花钱买新的杂物。胜利！"

——赛琳娜·B.

　　"最近我公公告诉我易贝上有套很可爱的茶杯在打折，我的第一反应是：'噢，真好看——非常好看，但我放茶杯的空间已经满了，我得腾出更多空间，或者打碎几只旧的才能有理由买这套新的。'我知道自己有突破了。虽然我的第一反应是砸东西……但也算是个正确的方向了！"

——杰里卡·C.

　　"我家有九口人，有一大堆毯子。我有个很大的乐柏美箱子装这些毯子，通常来说是够放的，因为孩子们一般都会拿走 8 到 10 张。有一天，我决定要收拾整理一下，然后发现箱子再也装不下所有毯子了，所以我分了一下类。那些质量好、暖和、手工制的婴儿毯子我就收起来留给以后的孙子，其他扔了也不可惜的（通常是便宜的羊毛毯）我就捐掉，留下来的毯子都是我们真正喜欢的，也能全部放进箱子里。自由啊！"

——雪莉·B.

18 杂物堆放的上限

幻想：我需要这件东西。我也不是说现在，但总有
       一天我会用得上的。

现实：我用不上这玩意儿。房子跟个狗窝似的，我
       总找不到我要用的东西。

你有一个杂物堆放的上限。我们每个人都有。

为什么我邻居的贝壳陈列那么雅致，而我的就跟一群大小螃蟹
死在了书架上一样？为什么她放作画工具的橱柜看着很艺术，但我
的就是一堆废纸、断掉的铅笔和风干的画刷？

原因就是，我的杂物堆放上限跟她的不同。我们拥有的物品可
能一模一样，但她的可以保持整齐，我的就会变为一堆杂物。

每个人都有各自的杂物堆放上限，决定了在各自的家里什么算

是杂物。我说的不是对杂物的容忍程度（也不是"懒癌视角"——就是无视一堆堆杂物的超能力，直到场面彻底失控）。我说的杂物堆放上限，是指我能控制的物品数量的临界点——多一件就会变成杂物。

你有没有参观过跟你有相同品位的家？你发现女主人也喜欢毯子和老电影，你很钦佩她按颜色排列了奶奶的毯子，你跟她聊了几句，然后转头看见了她放在右边的那些电影光盘，都是按名字排列好的。

然后你回到自己家。

把自己奶奶的毯子拨到沙发的另一边，坐了下来。你注意到自家的 DVD 七零八落地堆在电视机旁边的地上，你盯着虚空，希望能明白为什么自己的房子跟别人的完全不一样。

◎ 我很喜欢但是无法复制的三个家庭 ◎

大学时，我在一个朋友的家里过周末。她的喜好跟我的一模一样。他们简直就是"博爱"的化身，喜欢各种各样的东西。我从小就梦想着能有一个杂物院，他们的风格就是我心中未来的家的模样。

我记得他们的架子上摆满了有趣的东西，陈列得非常艺术，古董玩具、科学器具、泛黄的手写纸条，按原样摆放；他们甚至还有个玩偶房间，我不太喜欢玩偶，但是当时我记住了将来要弄一个专门陈列某种物品的房间，得要酷的东西。

我可以盯着她家任何一个房间的东西看几小时，就跟在博物馆一样，或者至少也是那种到处有收藏品的摩登餐厅。

然而，虽然我在收藏物品方面很厉害，但我不善于摆放陈列。本来我也不觉得这有什么，直到我有了第一个真正的家（宿舍、大学公寓，甚至我们婚后租的第一个房子都不算）。

我把我喜欢的东西放在架子上，但一周不到，那些收藏品就跟杂物混在一起了。

但我还是接着收藏。我喜欢有选择余地的感觉，我的"选择"都放在袋子、盒子和杂物堆里，不过我坚信，等我想好怎么装饰家里，我会很高兴自己当初保留了那么多酷的东西可以选择。

然后，第二个家庭。

在我对自家状况最沮丧的时候，我拜访了一个朋友。我赞美了她家墙上的新挂饰，她就开始给我滔滔不绝地讲她当时也烦恼该在墙上挂什么，她找啊找，终于买到了现在这些。

挂饰看着很棒，她家看着也很棒，很漂亮也很舒服。即使不是我想要的那种说不出来的风格，我还是很嫉妒。她家墙上有挂饰了，柜子里也没有堆满不知道是不是能用上的杂物。

而我的柜子、房间和车库里都堆满了无限的可能——但是我的墙上没有东西。

我想要第一个家庭那种设计。我像他们那样收集玩意儿，但我没法实现他们家的样子。

我钦佩第二个家庭。看着很好，感觉很舒服，而且很好打理，但完全没有选择的可能性又让我无法接受。

然后我们还要讨论第三个家庭：我妈的房子。我妈是一生中对我影响最大的人。

在开始对她家做精神分析之前，我先说明一下她对我的"懒癌疗程"以及推广一直特别支持。对于我公开谈论她，她也表示很理解。

事实上，就是她让我知道（虽然我讨厌承认这点）专业的整理人士是不能解决我的"懒癌"障碍的。她就是专业的整理人士，每次我需要她时总是随传随到。她会进来，收拾好，制定一些高超的"制度"，然后我会发誓一定要保持现状。

每次她收拾完一个房间，都会比原来的整洁。

但是她喜欢有准备，针对每一种可能的状况，因为什么"世界末日"的大事都可能发生。有些人可能把这种心态叫作强迫症。

如果你要给来自五十个国家的五十个小孩儿搭配传统服饰，那就问我妈吧，她清晰地记得她把那些小孩儿穿的国际服装放在哪里；如果你要布置下周末的一个婚礼，她会帮你准备好；如果你家有十口人要吃饭，但国内的每家超市都得关门一个月，那就去她家吧。

她不会感情用事，但她会太过实际。

这对我来说很正常。我遗传了她的思维，但我没有遗传她操持一切的能力。很长一段时间我都无法理解这是为什么。

我喜欢我的思维方式。有一回我所在的教堂举行活动需要牛仔靴，我想他们肯定指望大家每人借出一两双，所以我骄傲地抬着一个四十加仑那么大的箱子走了进去，箱子里装满了大大小小的靴子，我还一边问有没有人能帮我把另外两箱也搬进来。

我拯救了大家啊！也不是说如果牛仔靴不够就会有什么后果，但我看到大家脸上的崇拜和惊讶（和担忧？）时还是很兴奋的，他们都没想到为什么有人会有那么多双牛仔靴。

我的原因很合理，易贝上可以卖牛仔靴。我从德州的旧货卖场上用不到一美元就能买到一双，然后等着秋天以更高的价格卖出去。大家都能看到的一个坏处就是，需要找空间来存放这么多自己用不着的东西，但对我来说这根本不是个问题，我从来没有想过这是个问题。

◎ 找到我的杂物堆放上限 ◎

在"仅仅"清理掉一部分杂物之后，我家东西变少了，家里能更长时间保持整洁——当然还不用那么费劲。

长久以来，我"懒癌"毛病的根源就在于我超过了自己能承受的杂物堆放上限，因为我完全不知道有这么一回事。我遗传了我妈的思维，但我没有遗传她收拾东西的能力，我没有遗传她的杂物堆放上限。我的上限比她的低多了，我没法处理她能处理的杂物量。她能把东西分类后整齐地放进箱子和盒子里，然后打包好。我呢，我把东西拨到这边，推到那边，永远都找不到我要找的东西。

我不能处理的、一直游走在我掌控范围外的东西，就是杂物。

我妈和那个"博爱"的家庭都能承受很高的杂物堆放上限，他们能打理很多物品，还能一直控制好，他们知道东西应该放在哪里。墙上有挂饰的那位朋友的杂物堆放上限就比较低，但是她知道自己的上限低（虽然她不知道也没有特别留意这是什么），要是不知道东西该放哪里，她就不会带回家。

我的杂物堆放上限也低，但我却不自知。我一直把东西带回家，只能惊讶地看着东西变成杂物。

◎ 每件物品都该有个位置 ◎

如果你的情况跟我一样，要是有人很欢欣（也很居高临下）地跟你说"要给每件物品留一个位置"，你一定觉得她烦死了，真的很烦很讨厌，还一点儿用都没有，好像她一点儿小小的提示就能帮我解决大问题一样。

现在我明白这句话是什么意思了。我明白了这句话为什么管用，我也知道为什么它在我家不管用。

如果你家的东西太多（跟我一样），那就不可能每件物品都有位置。就是不可能，不要试图给每件物品找个位置。

我努力把所有东西都塞进某些地方，一边塞一边哼哼，想把东西都塞进去。

我赞叹地看着我的劳动成果，几秒之后，我发现自己要用一件我刚刚塞好的东西。我翻的时候，房子又打回原形，灾难重演了。

每件物品都有归属是可能的，但得慢慢来，等到你清理完杂物之后，先专注把不需要的东西舍掉。记住你对杂物定义的正确理解（你不能轻易控制好的东西），问问自己"我能处理好它吗？"而不是"我该不该留着它？"。

按照我给的策略去处理杂物，杂物会慢慢变少，你也就能给所有东西找到位置。这句话听起来还是很糟心，但是你会体会到它的美感的。

◎ 不要再换地方了 ◎

你经常换着地方放东西吗？我是，绝对的。

如果在我家举行活动，我两周的准备工作的第一步就是要清理杂物。

实际上，我以为我在清理杂物，但其实我只是把东西换个地方放。我把上面一层的杂物（没有真正"归属"的东西）挪到了卧室，把房门锁上，那客人就不会看见我藏起来的杂物了。

问题就出现在派对完了之后。我特别喜欢目前房子的状态，很费解为什么我不能一直保持这种状态。其实我有两个选择。

我可以把东西继续放在卧室里，或者我可以把杂物又拿出来乱放。通常来说，我不会做出选择，最后两种做法各占一半。卧室还是放满了垃圾，零星半点游移出来慢慢占领房子的其他区域。

如果你也这样换地方放东西，那意味着你已经超出了杂物堆放的上限，而唯一的解决办法就是减量。

◎ 所有东西都有了位置之后 ◎

东西变少是一件美好的事情。东西变少意味着减少绊倒，减少碰撞，减少杂物倒塌。东西变少意味着灾难状态也没那么可怕，不需要那么多时间去复原，也更容易处理。

对于我这样的人来说，灾难状态是肯定会发生的。只要不那么经常发生，而且没那么严重，就已经是巨大的进步了。

更容易"灾后恢复"的这种体验让我明白了每件物品都有位置的好处。

正常人这么轻易就能打扫好房子是因为他们的每件物品都有固定的位置，这样他们就不用站在一个混乱的房间中间，拿着一个塑料口琴，忍住不哭出来。

等你清理杂物到了只剩下你能处理的东西，灾后恢复就只是把东西归置好，仅此而已。

这跟决定要怎么处理所有东西没关系。归置东西就只是把东西从一个地方挪到另一个地方，不涉及任何纠结的决策。

每件物品都有个位置，不是说每件物品都要一直待在一个地方，只是说每件物品都能有个归置的地方。

◎ 正常人的做法 ◎

这是我第一次提到正常人吗？噢，希望我没有冒犯到你。我把那些没有患"懒癌"的人称为正常人，这是一个爱称。你要知道没有人是彻底正常的，很多时候，正常就是"有趣"和"刺激"的反义词。

我得分享一下，在我眼中正常人是怎么让家里保持整齐，没有杂物的。他们就错在总是扔东西。正常人的自然反应是问为什么他们要留着那些东西，而不是像"懒癌"患者那样反问"为什么不要"。基本上，他们一出生就知道自己的杂物堆放上限，他们一生都活在那个上限之下。

◎ 关于储物空间 ◎

　　我这样的人最爱找的借口就是储物空间不够。多年以来，我给我家的灾难状况找的借口是，德州 8 月的高温能把所有的衣柜、储物间和阁楼都变成烤箱，于是我没有地方储存杂物。

　　我最终明白我的房子就是一个有限度的收纳容器，但即使我能因此限定自己保留的物品数量，我还是抱怨我们没有犄角旮旯可以储存真正需要的东西，比如礼物包装纸、换季的衣服等。这些东西堆在我卧室的角落里或者我们的游戏房里，跟别的杂物混在一起。它们一直东放西放，直到我学会大规模地应用"一进一出"原则。

　　当我发现自己一堆堆地挪移没有固定位置的物品时，我明白了我得在家里找到储物的地方。如果我们真的需要这些东西，那它们就需要固定的储存位置，老是从卧室移到厨房真不像个样子。

　　我摇了摇头，驱散我的"懒癌"幻觉，沿着房子走了一圈。如果我知道这个衣柜是满的，但不记得具体放了什么，那么很有可能里面的东西很长时间不曾用过了。我打开衣柜，发现里面的杂物混成一堆，一般来说，我都能清理掉部分杂物来放我真正需要的东西。（不要担心，真正清理的步骤在后面。）

　　如果我真的需要经常用某件物品，那比起我几乎不用的东西，这件物品更值得占用家里的空间。

　　这个原则适用于整个房子的空间，而且效果很好。在我们住进来的前三年里，游戏房曾经是我的"易贝房"。回想起那个房间的样子，我心里仍然很沉重。当时两扇门之间的走道没有了，地上堆满了箱子和杂物，一米多长的双轨晾衣架上挂满了衣服，放在房间后面，占据了三分之一的面积。

在我认真清理杂物、停止买入二手货之后，奇迹发生了。我的房子变大了，是真的，又不是真的，我家大了 37 平方米。

37 平方米可以利用的空间。

想知道最精彩的部分吗？我们还多了一个厕所，在那个房间的后面多出来一个厕所。我们之前从来没有用过，因为过不去，所以我几乎都忘了它的存在。

一旦那个房间不再堆着我几乎用不到的东西，我们就可以使用它了。现在，游戏房是这个房子里我最喜欢的地方。我的儿子们每周五晚在里面打游戏，我的女儿在里面给她的毛绒娃娃上课。如果孩子有朋友来过夜，他们就有地方玩耍，不用跟烦人的兄弟姐妹一起，而且更好的是，我可以让客人用游戏房里那个厕所，还特别容易打扫。

如果你无法阻止杂物占领你的家，我猜你肯定梦想过有一个更大的房子，我想过，真的，我经常做的一个梦就是我在房子里发现我之前不知道的房间。

在清理了游戏房之后，我的这个梦想就成真了，我们开始使用这个房间。我们把不需要的东西扔掉，那我们真正需要的东西，比如书、外套和文具，都能有个家了。

别人的故事

"我发现自己在面对喜欢的牙膏打折时的想法稍微改变了。我记得家里还有一两管没用,所以我决定,宁愿以后以更高的价格买,也不要现在找个地方来放这管打折的。这就像婴儿学步,我知道,但这样的时刻给了我希望,我正慢慢找到自己'懒癌思维'的局限。"

——梅根·H.

"如果一件物品有固定的位置,那发现它在房子乱放的时候很容易就能把它放回原处。没有固定位置的物品就只能到处放,变成杂物。"

——布兰迪·D.

19 可见性原则

幻想：我要改变我的"懒癌"作风，把杂物清理掉，
而且是所有杂物。这个衣柜从上到下都塞满
了我可能用不到的东西，我就从这里开始，
这样今天就能有大的进展。

现实：我一天都在收拾我永远不会打开的衣柜，收
完了我也看不到成果，因为我从来不开这个
柜子。经过我的努力，房子看上去也没有
改善。

清理杂物的生理冲动是真实存在的。有时我会觉得皮肤上有东
西在爬，觉得烦死这些东西了；有时如果我又丢钥匙了，眼泪就会
忍不住流下来（或者泪流满面）；有时我的胸口上就像有个沙包压

着似的，让我沉没在杂物的海洋中。

每个人都有这样的经历，我听说甚至正常人也有过。

每次我有清理杂物的冲动，我都会马上行动起来，把自己累个半死，然而忙完也没发现房子有什么不同，我越来越不相信房子能有任何改善了。等我下次再有清理杂物的冲动时，我的这种悲观情绪就会说服自己去吃冰激凌算了。

这个无望的循环在我发明了"可见性原则"之后就终结了。

像我这样的人，有了清理杂物的冲动之后就会直奔储物柜。我的储物柜里肯定都是乱七八糟的杂物，如果我清理了柜子，里面的杂物可能真的能清理好，毕竟我们不怎么用这个柜子。

把我清理杂物的精力用在一个能保持劳动成果的地方，有什么不对吗？难道这不就是我提高的办法吗？

我想我已经说过了，我的"懒癌逻辑"得出的推论很少能实现。

所以事实是：我收拾了储物柜。这是一个大工程，因为我把很多不知道放哪里的东西都塞进了柜子里，而且我不确定自己是否真的需要它们。

清理储物柜的东西需要我做出很多决定。做决定会让我很有压力，压力会让我觉得疲惫。等我收拾完了，我清理杂物的能量也用完了。

我关上柜门，一转身，发现房子并没有比我开始之前更整齐，我的所有劳动成果都藏在了柜门后面。

第二天，我再也不想清理杂物了。我忘记了要清理整个房子的决心，因为没有任何可见的东西来提醒我。我的"懒癌"视角又回来了，我接着活在堆满杂物的家里。

我们的日常生活并没有因此得到改善。也许在某个周二我打开整齐的储物柜时会微微一笑，但我并不会因此获得清理杂物的动力和能量。

◎ 遵循可见性原则 ◎

可见性原则：如果我有清理杂物的冲动，我就从可见的杂物开始。

我环顾房间一圈，让大脑辨识哪个暴露在外面的空间是堆着杂物的。

我需要有意识地（经常还得出声）提醒自己遵循可见性原则，因为如果不遵守，我就看不见这些暴露在外面的杂物。我平常的大脑并不能识别这些杂物，因为已经习以为常了。

我站在房子的门前，用客人的眼光来审视房子。突然间，我看到了钢琴上面的那堆邮件。

我讨厌处理那堆邮件，但它通过了可见性测试，它是可见的杂物，它让我家看起来很乱。如果我忽略了，那即使我打扫了一天，我家还是乱的。

那堆邮件是可见的，所以我需要先处理掉它们。这就是决定性的、优先的因素。

有时显眼的杂物并不是一堆纸那么过瘾。有时它可能就是一盒快吃完的薯条或者一包快吃完的面包，摊在料理台上；有时它可能是一堆"临时"的衣服放在客厅的躺椅上。

如果你是个正常人，你又在读这本书，那我猜你肯定会想：这不是在集中清理杂物，这就只是家务而已，这是清洁和收拾。

你当然是对的。但这本书不是为你写的，我需要给脑回路跟我一样的读者解释一下：像我这样的人会把这些工作看作一个项目，项目是可以拖延的，所以我们会拖延。

遵循了可见性原则后，奇迹发生了。只要我把饭桌的杂物清理掉（或者就只是拿下来），饭桌就干净了。

即使我的"懒癌"视角挡住了我识别杂物的视线，我还是能注意到桌子干不干净。每次我经过饭桌，我的心就会高兴地蹦跶一下，我的脸也会泛起笑容，我有动力继续干下去，清理可见杂物的劳动成果会增加我继续清理的能量。

而且……我的家人能在干净的饭桌上吃饭，我会觉得很暖心，因为这个清理杂物的工作让我家人的生活环境和日常生活状态变好了。

第二天，我又能注意到我的餐桌多么整洁，然后我会在另一个可见的地方清理更多的杂物。这个可见的进步鼓励我继续努力，猛然间我就有动力了。

如果你能按照可见性原则优先安排你的杂物清理工作，你也能在家里实现真正的改变。

别人的故事

　　"第一次读到可见性原则后，我觉得我可以做一个深呼吸，不再为那些乱糟糟的杂物而感到无助了。'表面'的空间越干净，我就越有动力去处理那些死角。我对自己的房子满意多了，即使它实际上并没有整齐多少。但起码看起来好多了！"

——瑞秋·R.

　　"我喜欢整理隐藏的空间，比如放杂物的抽屉或者碗柜，你知道，就是不会影响我日常生活的地方！可见性原则让我能专注在一些有意义的地方，让我能继续做下去。"

——雅基·K.

20 两个很有用的问题

　　幻想：如果我能在清理杂物时问自己两个很难的问
　　　　　题，我就知道哪些东西值得保留。
　　现实：我的东西太多了，而且很多都是垃圾。

　　收拾显眼的区域。首先处理简单的东西，你在辨别（并且抗衡）过去阻止你前进的本能习惯，甚至觉得自己获得了垂涎已久但又求之不得的助力。

　　但你总会遇到一件（或者二十件）东西让你停下来纠结，你把它拿在手里，望着虚空，良久。

　　我遇到过很多这样的东西。我总是提到，我在清理杂物时最大的障碍就是，我从来不知道怎么处理那些小玩意儿。我可能在将来某天真的会用到这些东西，但就现在来说，我不知道该把它们放哪里。

我也看过很多清单。就是书上、博客、杂志、访问里面一些收纳达人会列出 8 到 10 个（有时更多）问题，让你在决定是不是要在扔掉某件物品的时候问问自己。

奶奶的脚踏板？这个可能要问 10 个问题。

一包荧光手环？这就不用花什么心神了。但是，从前我也曾为要不要清理一些没什么意义的小东西而恐慌过。

我的东西太多了，多到那些列 10 个问题清单的人根本不能想象，我就是没法在处理每件物品前都花时间和精力问自己 10 个问题。

我也没法凭情感决定怎么处理，然而很多典型的杂物清理的问题都是关于情感的。我的想象力太过丰富，思维活跃程度不亚于脱缰的马。如果我问自己，这些荧光手环会让我高兴吗？唔，现在我想想，它们真的会让我高兴。它们让我想起我最大的孩子还在幼儿园的时候，这些是他幼儿园老师带他们"去过月球"之后剩下的，让他带回家来。当时，每个小孩儿都能拿到一整盒的装饰品，老师让我给孩子们带的就是荧光手环。我的儿子那会儿还那么天真，那么可爱。我记得他刚上学的时候多兴奋，每一天都是新鲜的。在他六岁的思维里，他是真的去了一次月球！那一年太美好了。我很怀念孩子们上幼儿园的简单日子，比如读一组三个字母组成的单词，比如一群小孩儿玩得特别融洽开心，为了那些荧光手环也能兴奋好久。

好吧，走一会儿神浪费了我太多清理杂物的宝贵时间了。

看着一堆正常人根本不会存在家里的东西，我想出了清理杂物时该问自己的两个简单的问题。这两个问题每次都很有用，而且，如果我能回答第一个问题，我就连第二个都不用问了。

◎ 杂物清理问题 1：如果我在找这件物品，
我首先会去哪儿找 ◎

这不是一个具有分析性的问题。我太过喜欢分析问题了，我可以分析一整天，但一个字阻止了我走上分析的不归路。

"会"。

不是"应该"。

是"会"而不是"应该"，这是关键。"会"依靠的是本能，是第一反应，而"应该"依靠的是理性推论，这个推论可以花上一整天。

我问自己"我会去哪里找它"，而不是"我应该去哪里找它"。

澄清一下，我不是在问"我会把它放在哪里"，我是在问"我会去哪里找它"。"我会去哪里找"是一个简单得多的问题，我能为"放在哪里"这个问题磨叽一整天，但如果说我现在要用这个东西，我得去找，那要说出我会先去哪里找就很简单了。

简化房子得先从简化我问自己的问题开始，想太多是我的一个大问题。

问自己"会"而不是"应该"，意味着我要从心里接受自己的本能——我的第一反应。

如果我想得太多，我会试图给每件物品都找到一个最合适的位置，可以一放放二十年的位置，而要想预测二十年后的事情是压力很大的，因为有太多变数。我们完全有可能把房子重新装修一遍啊！或者直接搬走！谁知道人生会怎么发展，未来会怎么主宰我该把这盒别针放哪儿啊？

这些都不重要。唯一重要的是如果我今天要用别针，我第一时间会去哪里找，我第一时间去找的地方就是别针应该放的地方。

即使乍看这个地方不太对，或者只是第二合适的地方，或者跟有条理的人会放的地方完全相反。当然，有条理的人会把别针放在针线盒里，她准确知道针线盒在哪儿，如果紧急情况下要用别针，她会直接在针线盒里找。

我不经常用别针。我有个针线盒（和两台缝纫机），但我不做针线活。作为一个不做针线活的人，假设我急着要用别针别起裙脚，我不会马上想到去找针线盒。

我会在放杂物的抽屉里面找，如果我要用别针，这是我会找的第一个地方。无论别针多"应该"放在别的地方，无论别的地方多合理多实用，都不重要。

不要停下来，不要思考，直接回答问题：我会去哪儿找别针？

放杂物的抽屉？那就放那儿吧。

顺从这个本能反应能帮助你避免当时的压力和以后的压力。"我首先会去哪里找"本来就是个没有压力的问题——而且，如果以后真的要找，我能直接在第一个地方找到！这在我家简直是个奇迹！

这个问题还有第二部分。第二部分不是一个问题，但非常重要。

那就是："马上把它放在那儿！"

在你本能回答出"我会去哪儿找"这个问题之后，立刻就要把东西放到那个地方。立刻！我在下一章会仔细到令人发指地给你解释为什么要这么做，但现在我先告诉你，这是帮助你进步的唯一方法，无论什么时候你的杂物清理工作被打断了，都不会受影响。

因为只要你把东西拿过去了，你就完事了，可以去处理下一件。

但是，如果你对第一个问题的回答是"呃，呵呵，哈哈……"那就看第二个问题吧。

◎ 杂物清理问题 2：如果我要用到这件物品，
我会想到自己已经有一件了吗 ◎

这个问题很难。我看着这件东西，在这一秒，我知道自己有这件东西，因为它就在我手里。但当时找到它我有感到惊讶吗？

如果我不知道自己有这件东西，我就永远不会找它。如果我不找它，我就会出去买第二件，这样我就有两件了。

我不需要再给自己增加一件我已经拥有的东西。

如果我对第二个问题的回答是"不会"，那我就得把这件东西放进捐赠箱了，我完全没有理由留着一件我都不知道它存在的东西。

我没法回答第一个问题是因为我压根不会去找。我完全不会想到要去找。

不是说这样清理杂物就不困难了，还是非常困难的。有时，清理杂物就跟过圣诞一样，我完全不知道自己会找到什么。我看着这个东西，记起来我为什么拿它回家，回想我一开始为什么留着它，然后试图说服自己也许现在我终于能用上它了。

我没法走到那一步。我没法回答杂物清理问题，因为压根儿没有答案，我不会去找它，因为我根本不知道它的存在。

我节俭的习惯还是另外一个掣肘的因素，把问题变得更复杂了。在扔掉一件东西之后马上又花钱再买一件让我觉得太浪费太荒谬了，简直浪费到心疼。但哪种做法更浪费？花三美元买更多的荧光手环，还是让辛辛苦苦还房贷的房子因为杂物太多而根本没法住得舒服？然后我还得再花三美元买重复的荧光手环，因为东西太多，我压根儿不知道它们藏在一堆杂物底下。

绝对是第二种做法，第二种做法浪费多了。

哦，你还是会后悔自己扔掉了那些荧光手环的。我没说你不会。你要用荧光手环的时候，就会记得自己之前有一些，即使它们还在的时候你完全不会想起来。

那这些后悔的情绪要怎么处理呢？只能忘掉。痛苦一阵，就翻篇吧。

请节哀。

那些荧光手环也就三美元。万一我六个星期之后要用到，那花三美元住在一个没有杂物的房子里六个星期，也是值得的。

别人的故事

"这两个杂物清理问题我已经用了两个月了。'我第一时间会去哪里找'这个问题让我知道该把东西放在哪里，方便我和我老公找。他老是在一些奇奇怪怪的地方翻找东西，但如果我把东西放到那些地方，他就再也不用每次都问我了。"

——梅丽莎·H.

21 不会制造混乱的收纳方法

幻想： 从头开始是打造完美房间的最好办法。我就
把所有东西都倒腾出来，然后再把要保留的
放回去。

现实： 半途而废是我生活的必然事件，我能完完全
全地搞定这次清理任务的可能性几乎为零。
等我不得不停下来的时候，我从犄角旮旯倒
腾出来的东西就会散落一地，还不如之前都
藏起来了。

"每次我想清理杂物，都会搞出更大的乱子！"

这是清理杂物的战友们最心酸的呐喊，不是只有你一个，我
保证。

这也是我的呐喊。我手痒想清理杂物的时候，会把所有要处理的东西都先掏出来，这种做法在一个理想的世界是完全合理的。如果没有事情让我分心的话，我能保证自己在搞定这项任务之前不会做别的事情，比如吃饭、睡觉、包扎伤口，我会好好的。

清理杂物有没有可能不搞出更大的乱子？

有可能。我能教你的就是上一章里面的一句话："马上把它拿到那儿！"

记得这句话吧？这是第一个杂物清理问题的第二部分，也是最能影响你的杂物清理进度的部分，即使这种做法并不符合我追求"终极效率"的幻想。

你小时候读过《儿女一箩筐》这本书吗？我超爱那本书。里面那个大家庭的故事非常搞笑，而我尤其认同那个父亲对效率的执着。比如他在自个儿家里把所有孩子的扁桃体都摘除了，就是为了研究怎么能更高效地操作扁桃体摘除术。

要是我，我肯定也会这么干，但前提是我有十二个孩子，我能说服医生在家里摘除孩子的扁桃体（不然我们得破产），而且世界上有人在乎我对扁桃体摘除术的效率的看法。

其实我不会这么干，但我就是很能认同这类故事。

我超级爱看卡通片里的猫（或者老鼠或者任何拟人的角色）用一台复杂的机器经过 27 个步骤烤出来一片面包。这些神奇的装置实在太过瘾，太精妙了！确实，这些花了几个月去设计和几周的实验做出来的成果可能跟直接把面包从袋子里拿出来，然后放到吐司机里，再按下按钮出来的东西差不多，但是，同志们，那只猫都不用从床上爬起来就能吃到烤面包了啊！

我那个执着效率因而把事情搞得比原本更复杂的大脑会这样想象清理杂物的步骤：

1. 把所有东西倒腾出来。

2. 把全部东西都拿出来之后，根据要存放的地方把东西分类。

3. 把要保留的东西放回原位。

4.（夸张地）走遍房子的每个角落，把东西送到它们各自的归属地。

我曾经按照这个方法清理杂物，我完全明白为什么这个办法对别人适用，而对我并不适用。

在第二步（或者第二步中的某个节点）之前一切都进展顺利。转折点可能就发生在孩子哭着进屋说狗狗咬碎了她的图书时，或者当我意识到该去接参加橄榄球训练的儿子时。我可能会离开整理现场去上厕所，穿过厨房，想起来我得把晚上的饭菜放进慢炖锅，之后就完全忘了我清理到一半的杂物。

第二步的分类就是问题所在。这种分类的方式就等于允许自己把事情"延后"。在清理杂物的时候，我必须把所有"延后"的机会都扼杀。我的注意力和空闲时间以及对这片狼藉的在乎程度都不能保证会在"以后"的世界存在，所以我不能那么干。

清理杂物时搞出更大的乱子就等于把清理的工作交给"以后"。

而"马上把它拿到那儿"的做法是这么实现的：

我先说说清理杂物需要的正确装备：

1. 一个黑色的垃圾袋。

2. 一个可捐赠的捐赠箱。

3. 我的脚。

◎ 黑色的垃圾袋 ◎

这个黑色的垃圾袋是……装垃圾用的。垃圾袋也不一定是要黑色，但黑色是最理想的，以防我扔的东西被家里的小孩儿看见，让他们突然想起来这是他们丢失已久的在这个世界上最喜爱的东西。垃圾是肯定有的：瓶盖、坏了的笔和快餐店收据。

如果你有固定、实用的回收废物的习惯，那就把回收箱也拿上。如果你没有这个习惯，而这又让你很烦恼，那就回去重读第三章。谨记你的目标是减少家里的杂物和你承受的压力，这样，在未来某一天，你才能实现理想的环保状态。

处理垃圾是很简单的。把垃圾袋拿到杂物清理的现场，放到方便扔东西的地方。

◎ 可捐赠的捐赠箱 ◎

这里的重点词（其实还不算是个词）是"可捐赠的"，不是一个侧面印着"捐赠箱"的漂亮盒子或者篮子。如果盒子太漂亮，你就想留着下次清理杂物的时候继续用了。但我们不要留着这个捐赠箱，而是连箱子也得一并掉掉。

你知道清理杂物的那种没完没了的感觉吧？你知道这种挫败感就是让你压根儿不想开始的原因吧？而不想开始就是你家现在越来越拥挤，你觉得快要被淹死的原因，你也清楚吧？我们的目标就是要赶走这种"做起来没完没了"的感觉。

如果你对杂物清理问题 2（"如果我要用这件物品，我会想起来自己已经有一件了吗？"）的回答是"不会"，事情就很简单了。你可以永远跟这件东西说拜拜了，把它直接放进捐赠箱里，你永远不用再碰到或想到它，也不用再为要不要留着它而纠结了。

如果捐赠箱得先清空了才能放进要捐赠的物品，那对我这种人来说无疑是灾难的开启。这样的捐赠箱简直满载着压力，对我来说，压力＝停工。

如果我知道自己会再碰到这件东西，我就会暂时把东西放进盒子里，先不做最终的决定。作为一个喜欢拖延的人，我觉得这样想轻松得多，"我先把东西放这儿，以后再决定怎么处理"。

"以后"，又是这个具有欺骗性的词。在"以后"的世界里，我会更加果断，更加有条理，我还能准确预知未来。如果箱子里装满了去留不定的东西，那就意味着我每次看到它都会心生内疚，觉得其实里面的东西我该留着。内疚感导致的结果就是，把箱子留在车库的架子上，等到更好的时机再检查一遍里面的东西。

如果这个漂亮、可再用的捐赠箱一直放在架子上，以后的杂物清理工作就不再只是杂物清理，还包括在杂物清理之前先把满箱的内疚感清空。

这又是另一个继续拖延的绝佳理由。

如果捐赠箱本身就是公交车，而不是公车站，那果断处理就容易得多了。有了最后期限，没了多余选择反而让人轻松。我喜欢一旦东西放进了捐赠箱就不用再去想它的这种感觉，永远不用再想。捐赠箱如果不能捐掉，就只能变成一个拖延中转站。

以防你把简单得不能再简单的事情想得过于复杂，我来说明一下，可捐赠的捐赠箱可以是一个垃圾袋、一个购物袋、一个纸袋、一个要捐掉的行李箱，或者别的任何东西。只要它能跟里面的东西一并捐走，就没问题了。

◎ 我的脚 ◎

我的脚是最重要的杂物清理工具。而且你知道好处在哪儿吗？就是我永远不会弄丢我的脚！

我的脚的作用就在于实行杂物清理问题 1 里面"马上"的那部分（这部分不是问题）："马上把它放那儿！"

因为我对效率的热爱和追求，我之前的杂物清理工程都是这样的：噢，这个得放在卧室。我先把要放到卧室的东西堆在这里。那个是放在游戏房的，那我就攒一堆放在游戏房的。这些钉子应该放到车库，所以放车库的堆在这里。

堆了六堆东西之后，意外来了。我中断了杂物清理工作去解决问题，心里还是想着一定要尽快回来。

但我没有。

要不就是更多意外发生了，要不就是我忘了。等我几个小时后（或者是几天后甚至几个月后）终于回来了，那几堆原本有序的物品已经混成了一大堆，完全分不出来哪堆是哪堆了。那些杂物本来藏在柜子或者抽屉里已经够让我心烦了，现在还通通跑到外面来晾着了。

我好像干坏事了。

但如果我在回答完"我首先会去哪里找"这个问题后就马上把

每件东西放到相应的位置，那不管往后什么时间我被打断了——注意，不是如果"不幸"我被打断了——无论我收拾了一件还是二十件东西，我都有进步了。

东西变少就等于有进步了。我可能还没完事，但起码生活空间看起来比开始时要整齐。

所以，虽然把东西分类好再一次性拿到相应的地方看起来会更有效率，其实则不然。这个看着完全合理的策略就是不管用。

◎ 不在装备清单上的东西：储物箱 ◎

有注意到杂物清理的装备清单上缺了什么吗？——储物箱。

储物箱对我完全没用，完全。

储物箱看着很有用，还能防止杂物乱成一团。但在我的世界里，它们不是储物箱，它们是"拖延"箱，我的车库里已经有很多了。

还记得用可捐赠的捐赠箱就是为了去掉中转的步骤吗？储物箱也是中转点，它们也是"拖延中转站"。

储物箱是用来装我认为有用的东西的。我认为这些东西有用，但我不知道它们应该放哪里，储物箱的存在允许我告诉自己以后再决定。（"以后"不是一个好词，记得吧？）

这两个（且只有两个）杂物清理问题的好处就是，只要你答出了其中一个，你就无须用到储物箱了，完全没必要。你完事了，都搞定了。

◎ 最后一个失败的借口 ◎

我可以读懂你的思路，我知道你在想什么。每次我教别人怎么清理杂物不会弄得更乱的时候，都有人问我相同的问题，问了一次又一次。

"但如果在整理过程当中我被另一批杂物分心了怎么办？如果我'马上把东西放那儿'，结果发现我首先会去找的地方本来就需要整理，怎么办？"

我的整个房子都得整理，所以我懂你的心情。我家不只有一个地方被塞得满满当当，是整个房子都被塞得满满当当。我每次回头，都能看到杂物。

那我是怎么克服的呢？很多时候，我就是这么克服了。我必须得克服。

清理的地方越多，我就越能认识到，时刻告诉自己家里必须完全整齐是没有好处的。"从上到下都得整理好，否则没有意义"这种想法反而有害无利。如果我每次只收拾一小片区域，按可见性原则优先处理，并且仅仅清理杂物而不去整理，我就能看到持久的改变。

我先选择当天（或者 15 分钟内）要收拾的区域，然后只处理那片区域，先不管别的地方。这片区域就是我的工作重点。

我用那两个清理杂物的问题来决定要不要保留我从那堆杂物／塞满的抽屉／关不上门的柜子里面掏出来的所有东西，我就只专注这个地方。我不用担心如果把东西拿到别的地方后那个地方的东西怎么办。

即使我把一罐颜料放进本来就乱七八糟、塞满颜料的抽屉里，也完全没问题。把那一罐颜料放好是我当前的工作。放颜料的抽屉是需要清理、收拾、彻彻底底翻查一遍，但这是以后的事了。今天，只要抽屉还能合上，我合上就好。抽屉一合上，里面乱糟糟的东西就看不见了。

这不是个理想的做法，但在我有空闲采用理想的做法之前，家里还有很多事情等着我处理。

然而，有时候确实没有空间放我现在要放的物品了。我首先会去找的那个地方已经塞满东西了，我真的没法再往里面塞一件东西，再塞就该塌了。

我深吸一口气，用上"一进一出"原则。还记得"收纳概念"里面的这个原则吧？就是那个对所有房间整洁的人都很显而易见，而对我来说却很陌生的清理杂物的技巧。如果没有位置放我现在要收好的东西，我就只能清理掉里面别的东西来腾出空间了。

如果我在卫生间的抽屉里面发现一个订书机（完全有可能），要把订书机放到装文具的抽屉，但是那个抽屉已经完全满了，我也不用停下来先清理里面的文具。我只要腾出放订书机的空间就行，那我就拿出相对不适合放在这个抽屉里的一件物品。

我该拿走什么呢？容易处理的东西，明显要拿走的东西。如果拿走一件物品的空间还不够，那我就拿走几件。

上一次我要在文具抽屉里腾出点空间的时候，我找到了一个铅笔包装盒，完全空了。里面的铅笔都掉了出来，散落在抽屉底下。我之前看到过这个空的包装盒，但我的大脑没有把它识别为垃圾。相反，我当时的想法是，呃，我得找时间清理一下放文具的抽屉。

然而，在我把订书机拿过去的时候（就是现在），文具抽屉并不在我的工作范围内，我只是在实行"一进一出"的交换原则。空了的包装盒很好处理，而且刚刚好就是订书机的大小。

那个抽屉还得再花工夫收拾一下吧？必须的。现在吗？不。

我拿着空了的铅笔盒回到原来的杂物清理现场，因为在那儿已经有个垃圾袋或者垃圾箱了。如果我拿着的东西是可以捐出去的，那我的捐赠箱也在杂物清理现场了。

我在进步，我没有搞出更大的乱子。

别人的故事

　　"我喜欢这种'不会制造混乱'的收纳方法。我都数不过来我开始过多少遍，然后被打断，最后几个袋子放在那儿好几周，杂物没有减少反而增加了。马上把东西收好这个方式看起来有点儿麻烦和浪费时间，但是至少防止了杂物变多。噢，我讨厌把东西全倒腾出来后再决定把什么放回去这个办法——它只会制造出更大的混乱！"

——帕涅罗帕·P.

　　"你可以也应该'马上把东西放那儿'，这个建议简直让我大开眼界，完全改变了我的人生。也许我能收拾好的空间没那么大，处理的杂物没那么多，但至少我把事情做完了——都搞定了！没有新的杂物要收拾了！"

——琳达·S.

　　"习惯了把东西马上收好之后，我对清理杂物的工作就没那么恐慌了。东西慢慢消失了，所以最后我也用不着处理那些看着就吓人的杂物堆。这时所有兴奋感和精力也都消失了——谁那会儿还想收拾一堆堆杂物，再做一次纠结的决定？"

——斯塔芬尼·T.

"我做过的最正确的事就是听从了你的建议，把东西马上放到正确的位置。我们有个大柜子，塞满了文具、圣诞装饰和换季的衣服。最近我把它清理了一遍，我没有把东西分类堆在餐厅里，而是马上把东西放到我们会去找的地方。太神奇了，我用了半天就把所有东西收拾好、整理好，餐厅当晚也能用了！以前东西常常在餐厅里一放放几天，直到我有时间把东西都收拾好。"

——梅丽莎·H.

22 头疼、悔恨和重新清理

幻想：我得用正确的方式清理杂物。如果我做得不
　　　对，我干吗还要费这个劲儿呢？
现实：我这辈子余下的时光都得清理杂物，即使我
　　　做得不好也是值得的。

◎　头疼原则　◎

有时候，即使问过了那两个杂物清理问题，并且我确定自己要
把东西扔进捐赠箱后，我还是下不了手，我还是不停抱怨、哀叹、
犹豫不决。

我很痛苦。

很多"如果"充斥着我的大脑。是的，我会在这里找（任何东西）。但如果我真找到了我又会很生气自己竟然把它留下来了，除非我特别急着用，这样我可能还会高兴自己至少留着它。

这些感受通常都伴随着那些几乎完美的东西。从前，我特别喜欢这条皮带。现在呢，这条皮带已经坏了，而且不符合我现在的风格。我盯着虚空，试图搞清楚自己对它的爱是否足以让我花时间去修好它或者改良它的风格，或者我还会幻想一个场景，在里面我的性命都寄托在这条皮带上。

这件衬衫很适合我，但我不太穿它，它在腰部位置有个小小的洞。这把剪刀还能剪东西，但每次用起来我都很生气，因为它生锈了，很难用。我买这个洗手液瓶是因为它跟我的浴帘相配，但泵头太紧，我的手都按得瘀青了。

所以我制定了一个规矩。如果我为了要决定一件东西的去留而感到头疼的话，那这件东西就不该保留了，我把这个规矩叫作"头疼原则"。没有"可能有用但不是真的有用"的东西值得我头疼。

就是不值得。我宁愿之后可能后悔，也不愿意承受头疼的后果。

◎ 清理杂物后的悔恨 ◎

有时我错了。有时我扔掉一件东西之后才发现我应该留着它的，我以为扔掉客厅地板上随便一颗螺丝钉肯定没错。我们总会有这样零零碎碎的物品，随便放在一个角落，之后就再也用不到了。

第二天，我们发现新买的躺椅坏了，有颗螺丝钉不见了。

哎呀。

我们有太多水瓶了！我们到底需要多少个？唔，五个？我们一共五个人，为什么我们会用到多于五个水瓶？

然后我们邀请朋友来家里玩，他们没有带自己的水瓶。呃，也许我应该留着那几个多余的。

我犯过错，我也曾经为扔掉东西而后悔。有时是轻微的后悔，有时是深深的悔恨。但每一次，我都撑下去了，没了那些东西我也能活。自地球起源，人类经历了很多苦难，失去所有东西之后也能卷土重来。我可能会为自己的一个错误的决定而后悔，但只要我爱的人是安全的，一切就会好。

记住，那些没有杂物的人家都是宁愿生活在悔恨里也不愿意生活在杂物堆里。

◎ 重新清理 ◎

有时我也会不遵守"头疼原则"。虽然现在不遵守的次数比我刚开始"懒癌疗程"的时候少得多，但还是会有。我为该不该保留某件东西而纠结一番，最后还是决定我现在还暂时不能跟它告别。

一年之后，我发现自己错了，但这也没关系。

重新清理一遍是完全可能的，真的。我刚开始"懒癌疗程"的时候还不知道有这回事，我以为会有真正完事的一天。我会到达终点，我会把家里不需要的东西完全清理掉。

这些想法、幻觉让我以为我必须用正确的方法清理杂物。作为一个习惯搞项目的人，我不希望把工作重做一遍。

现在我知道我永远不会把杂物清理完毕。在生活的每个阶段、一年里的每个季节都会有新的物品出现在我家，旧的物品就变成废物了。

现在我知道了怎么都得重新清理杂物之后，反而感觉轻松自由了。

重新清理杂物是必须的，但重新清理比原始清理简单得多。第一次清理一个空间是很困难的。我得慢慢建立自信，熟悉（并且掌握）那两个杂物清理问题，因为太害怕做错决定，我还是会留着一些给我带来压力的东西。

但一两年以后，我去重新清理那个空间，痛苦就都没有了。我不需要处理那么多物品，因为我去年已经清理过一次了，上一次这些东西让我深感压力而现在已经完全不会了。我记得我之前为了这双鞋纠结了好一番，但现在我什么感觉都没有。因为一年过去了，我一次都没再穿过，我可以轻松把它捐掉，一点儿伤感都不会有。

别人的故事

“我每次都要跟自己经历这么一番对话：‘但是它承载着你多少回忆啊，难道不该留着它吗？’（懒人雅基说）‘但我讨厌那些回忆，我不想再记起！’（杂物清理员雅基说）‘你不能就这么扔掉那些回忆啊，是它们造就了你今天的样子。’（懒人雅基说）‘呸，闭嘴吧。它肯定得扔掉！’（杂物清理员雅基决定遵循‘头疼原则’！）”

——雅基 · K.

23 感情类杂物

幻想：我喜欢回忆。我留着这些东西是因为它们让我
　　　想起一个人或者一个地方，我很珍惜那些回忆。

现实：我爱攒东西，什么东西都攒。我自然而然留
　　　着它们，因为它们可能承载了回忆。

在处理杂物的过程中，我慢慢习惯了自己的杂物堆放上限，对
东西也不那么敏感了。我以前觉得我收到的每张卡片、我洗的每张
照片、我孩子的每个字都承载了感情。

现在我意识到收着这么多"珍贵"的东西其实会让那些真正特
别的回忆贬值。如果一个珍贵的回忆埋在一堆杂物里，我才不会去
重视它。

我来说明一下。我不明白为什么人们在经历了一次创伤之后会

对某些东西有感情依赖，我也不会假装明白。我不是心理学家，我也没有失去过孩子。即使在打这些字的时候，我也能感到心底升起的恐慌，所以如果你们经历过悲伤的话，恕我真的没办法与你们感同身受。

我的这些意见你们能听则听，它们只能代表一个家里被杂物堆得没法喘气儿的人的观点，这个人也体会过少点杂物多点空间的生活多么轻松。我扔掉过我之前以为永远不会扔掉的东西，也体验过随之而来的轻松和愉快。

◎ 只保留一件 ◎

变少就是变好。东西变少了会让我有继续清理下去的动力。

我会悲伤每个生命阶段的流逝，甚至会悲伤每个夏天的结束。我学会了识别每个 8 月朝我汹涌而来的忧伤 / 恐慌，当我看着孩子们在泳池里玩耍，我会想下个夏天到来之前他们会有多大变化。他们还会想着每天都游泳吗？他们还会期待跟同样的朋友见面吗？我儿子会终于开始长他期待已久的腋毛了吗？

随着孩子们经历了生命的各个阶段，我越来越想保留那些能让我想起之前那个阶段的东西。然而，我也意识到只要我看到他们小时候的一件衣服，回忆就会汹涌而来。我不需要看到他们以前的每件衣服才能想起他们小时候的样子。

我为每个孩子保留了一件我最喜欢的他们 0—3 个月大时穿的衣服。我不会选他们从医院回家时穿的衣服，我选了我最喜欢的。

那些衣服承载了最多回忆，带给我最多笑容。

我选的这三件小衣服能让我开心。那一箱箱放在车库里很久、绊了我无数次的衣服则让我压力很大。开心比压力好多了。

我还留着三双小牛仔靴。有一年我的儿子们就穿着这些牛仔靴和短裤到处跑，有时则配上睡衣去动物园，这些牛仔靴提醒我他们现在成人大小的脚曾经很小很可爱。我不用留着他们穿过的每双袜子和拖鞋来回忆他们以前的小脚趾。

◎ 不要想当然以为自己知道盒子里面装着什么 ◎

我也为自己已经过去的人生阶段伤感。三十岁的时候，我偶然发现一个旧的储物箱，装满了我大学时期的论文和书本。我想当然以为箱子里满载着珍贵的回忆，直到我真的翻了翻里面的东西，我才发现大部分都是白纸或是随手写下的看不懂的笔记。我其实只在乎里面一两篇通宵写的论文和几本有美好回忆的课本，而箱子里的大多数东西都不会勾起我的任何回忆。在认真翻看过之后，扔掉大部分东西就很容易了。

让东西变少其实很容易。

◎ 感受痛苦 ◎

没有人喜欢痛苦，但有时痛苦却是必要的。跟承载着感情的旧物道别确实很痛苦，也有理由痛苦，但如果这些东西让我的家人不能舒服地住在家里，那它们就该离开了。

在帮一位女士把我家的婴儿床放在她的后备厢的时候，我简直心痛难忍、呼吸困难。我们家有小婴儿的日子都结束了，这让我非常痛苦。

但我没有后悔卖掉那张婴儿床。想着要卖掉它还要看着它离开确实是很痛苦的，但家里杂物变少之后的愉悦和平和又让我觉得这种分离时短暂的痛苦都是值得的。

◎ 固定的收纳盒 ◎

在我小时候的一次家庭出行中，我妈在德州杰斐逊小镇的一家古董店买了一个铁盒子，我们把它叫作杰斐逊盒子，我用它来存最珍贵的东西。

我很喜欢那个盒子。我要小心保管某件物品的时候，我妈就会让我放在杰斐逊盒子里。

我知道这个杰斐逊盒子承载着特别的回忆，但作为一个成长中的"懒癌"患者，我没能认识到它是一个收纳盒（我那时不知道什么是收纳盒）。

现在我知道我妈的主意非常明智。她给了我一个空间，一个有限的空间，来保存和保护我儿时的宝物。

我的一个大学室友会时不时拿出她的"剧院盒子"给我看，里面装着戏单、我俩穿着道具服的照片、她在最后一场演出后心血来潮带回家的纪念品。

我喜欢翻看她的盒子。我有很多类似的东西，但我完全不知道它们放在哪里。可能散落在我家阁楼上不同的盒子里，但我确定很多已经丢掉了。

她的"剧院盒子"发挥了几个作用。它既限制了她能保留的纪念品数目，让她舍弃那些没那么重要的，又保护了她要保留的东西。那个盒子把她的纪念品都攒到一起，在她想回味过去有趣的日子时，让她很轻易就能看到收集的所有东西。

她非常珍惜那些东西。

如果一件物品真的有丰富的寓意，真的难以割舍，那这件东西就应该好好收藏。

◎ 寻求专业人士的帮助 ◎

我在这章开头说过，我不是一个心理专家，我不是心理治疗师，不能代表那些经历过真正苦难和试图从中恢复的人。如果你的悲伤让你无法行动，但家里的杂物又多到让你喘不过气，那就去寻求专业的帮助。寻求帮助不是脆弱的表现，相反，它说明你有勇气去做你需要做的事情。在网上查找一下你家附近教堂的心理康复小组，或者让医生给你推荐能提供帮助的人。

就像清理掉杂物有实在的步骤一样，从悲痛中恢复也是有可循的法子的。

24 杂物引起的内疚感

幻想： 我有一个独特的天赋，去欣赏所有好的、可能有用的、有历史的或者富有寓意的，或者是有价值的，或者是漂亮的，或者是奇怪的东西。人们能看到我的这点特质，放心把他们珍贵的东西交给我，他们知道我会珍视这些东西。

现实： 我喜欢各种各样的东西。我对所有东西的潜在价值有着过于丰富的想象，我太过相信自己修理、卖出、使用或者陈列这些东西的能力。大家把我看成是垃圾回收场，他们把自己的垃圾扔到我这儿也不会感到愧疚，因为他们知道我会高高兴兴地收了它。

杂物确实会引起内疚感，可能是自己引起的，也可以是别人引起的，但都不是好事。杂物是我不需要的东西，内疚感是我觉得自己干了错事或者（更糟糕的是）我没干错事却觉得自己干了错事。

杂物引起的内疚感不是什么好事。

◎ 为什么我们完全不用理会杂物引起的负疚感 ◎
（即使它真的存在）

我家是我的家，是我的居住空间，不住在我家（或者不帮我还房贷）的人都没有资格决定我家应该保留什么东西。

说明这一点很必要，因为我只是在说真正属于我的东西，我不是在说我老公坚持要保留但又快把我逼疯的东西。那不属于杂物引起的内疚感，那只是让我恼火的杂物，两者是不一样的，我会在下一章详细讨论怎么处理其他人的杂物。

同样，我也没让你在免费住在哈里叔叔家时扔掉他衣柜里的东西，也不是让你同意你表妹在去非洲的一年里在你家放东西。（这些神神道道的说明能帮你理解我在说什么吗？）

我在说我自己的东西，现在是我的但以前属于别人的东西。我收集了这些东西好几年了，因为大家把它们"留给我"了，或者"觉得我会喜欢"，或者圣诞的时候送给了我，然后第二年来问我喜不喜欢。

是我的东西，但也附加了别人的感情。

这是我家，我得住在里头。如果我连坐在饭桌前吃顿饭的位置都没有，我就没法好好住了。如果在我不想堆满箱子的地方堆满了箱子，我也没法好好住了。

住着就得有地方坐，就得在房间里自由地走动，不被绊倒，也不用侧身。

这些你都知道，你在读这本书就是因为你明白这些。你已经处理掉了简单的杂物，培养了良好的习惯且收效甚好，也扔掉了很多东西。现在，你有能力去处理那些让你头疼的东西了。

◎ 外来的负疚感 ◎

我们先来说说别人强加到你身上的负疚感。这点对我来说最好解决，因为它完全激发了我十四岁时那种"轮不到你告诉我怎么做"的气势。我讨厌这件东西，我留着它是因为我不好意思让送我的人失望，如果不是因为克莱拉阿姨，我肯定毫不犹豫就把那个陶瓷菠萝拿到二手店。

正确的思路应该是这样的：如果他们家不想留着这件东西，那他们也不能指望我们家会要。

我的意思是：多新鲜啊！他们想把它清理掉，他们家可以不留着它，那我也可以啊。

确实，家庭因素会影响你处理掉那些让你感到内疚的杂物，做起来也不那么容易。虽然我首推的方法是马上捐掉然后装傻，但也有别的方式让你避免践踏亲人的感情。

◎ 不要再做家人的垃圾回收场 ◎

说实话，你就是个明显的目标。如果你跟我一样，你以前肯定也喜欢收集家人的各种宝贝，比如看到一整盒奶奶在"一战"时期的票单就会两眼放光。曾经你也不能明白为什么家里没人想要那个盒子！

但现在你知道自己的杂物堆放上限了，回收垃圾的日子也该结束了。

这是一个方法：给家里人发一封邮件，让他们来看看有什么想要的东西就拿走，然后租一个垃圾箱，把剩下的东西在一周内扔掉。这是一个有效的办法，肯定有它的好处。但这个建议恰恰只适用于那些不会对一只塑胶长颈鹿产生任何荒谬情感的人，所以我得再多说两句。

"慢炖式"的清理方法（为自己创造舒适的家庭环境但不会伤及任何人感情）是这样的，你要先学会拒绝一直毫不愧疚地把家里不想要的垃圾"赠送"给你的人。

拒绝这些人给你的新东西。拒绝他们不是件容易的事，但也得办。讽刺的是，这些往你家扔杂物的人常常是给你施加最多内疚感的人。

拒绝他们，或者说声"不用了，谢谢"。现在就练习练习，"不用了，谢谢"。面对镜子，再说一次，做出伊姬阿姨听到你说不要的时候的反应，然后回答她。她会很震惊，这时扬起你的眉毛、张大嘴巴表现出疑惑的眼神。

这段对话不会轻松，但你能做到的，说出"不用了，谢谢"。如果她假装听不见你的话，就大声说"不用了，谢谢"。如果她反驳说"但放在你的厨房多好啊"，你就再说一次"不用了，谢谢"。

不要解释，要忠于事实。如果你不想要，那就只要说"不用"就够了。

如果你真的得接着说话（我明白的，因为我也常常解释太多），那就说："我正在清理我家的东西，所以我现在不能再多添点东西了。"

诚实就好。我不知道为什么跟家人诚实会尤其困难，但跟其他所有情景一样，诚实是最好的方式。坦承你正在努力解决问题，坦承你意识到接受这些东西是现在家里这么乱的原因之一。她会摆出懂得一切的眼神，烦人地频频点头，然后试图开始讨论你为什么会理家失败，但把这些忽略掉就好。

慢慢地，她就会放弃，或者至少早点儿结束那个"给你了——不用了，谢谢——拿着吧，我真的不想要了"的对话。

你让大家习惯了毫不愧疚地把你家看作他们自己的垃圾回收场，你需要时间才能让他们改变这个习惯。

如果有人不愿意接受你的拒绝，那就说你会帮她把她的宝贝送到捐赠中心。如果她把东西塞到你的后备厢里，那就直接开去捐赠中心。

如果伊姬阿姨对你把她的陶瓷菠萝送去捐赠中心感到很震惊，那你就吃惊地睁大眼睛提醒她说，在她把东西塞到你车上之前你就是准备这么干的。

抵制别人试图送你这类杂物有两个好处。你可以避免将来清理这些杂物，你还能让他们对你下一步动作有个心理准备，就是扔掉他们之前借着负疚感让你收下的东西。

◎ 生理反应测试 ◎

扔掉带有负疚感的杂物不是件简单的事，但我们可以用处理家里其他杂物的方式来处理它们。在带有负疚感的杂物这个类别里，最容易处理的就是那些你讨厌的东西，让你产生厌恶的生理反应的东西。它们让你的耳朵发热、头皮发麻。如果你讨厌什么东西，它就不该出现在你家，不管别人觉得你会多么喜欢它。

如果你太胆小，不敢马上捐掉这些东西然后再解释，那就用你之前用来拒绝别人赠送杂物的方法：坦承。

你已经知道自己留着那个陶瓷菠萝是为了照顾赠送人的感受，你也知道这不是留着一件杂物的合理的理由。你有自己的杂物堆放上限，而这套茶杯已经超出了你的界限了，它们让你觉得恐慌和厌恶，你觉得这些宝贝应该转交给那些能足够珍视它们的人。

贝特西阿姨不会明白你在说什么，但你激情洋溢的胡言乱语会表现出你已经为扔掉这件东西思前想后很久了。

好好地解释，虽然你希望自己有艺术天分，能够把奶奶的勺子收藏品优美地陈列出来，但你就是没有那个天分。那些勺子也不匹配家里的装饰，所以一直放在盒子里很多年了。它们应该重见天日，让懂得欣赏它们的人开心！

作为一个常常因为太诚实而受罪的人，我能告诉你，虽然大多数人会吃惊，但是也会理解你的诚实。诚实地告诉他们你家没有地方放他们的东西，这样他们就不必承受责怪（没人喜欢被责怪），你也把责任扛到了自己身上了，同时还不必留着那件东西。

在讨论其他类别的杂物负疚感之前，我再提醒最后一句：最好让奶奶看到你也在扔掉各种各样的杂物。你同时在清理衣服、鞋子、家具和你儿时的回忆，并不是只针对她个人的宝贝（那些她声称自己很爱的东西，虽然她不想把它们留在自己家里），你没有突然开始讨厌她和她给你的所有东西，你只是在清理杂物。

◎　**想象的负疚感**　◎

虽然大多数家庭都喜欢赠送杂物，杂物引起的负疚感对他们来说是真实存在的，但也是完全可以想象的。分辨你的负疚感是不是想象的唯一方法就是去问问那个你觉得会恨你一辈子的人。不要问："如果我扔掉××你介意吗？"要问："你想不想把××拿回去？我准备清理掉了。"后面半句"我准备清理掉了"是重点，不要把这句落下了。你不是在跟他们申请把东西扔掉，你是在给他们拯救的机会，在你把东西捐掉之前，要不就拿回他们家，要不就送去二手店，就只有这两个选择。

这是我从自身经历中学到的：通常来说，施加负疚感的人没有被施加负疚感的人想象的那么在乎。

◎ 自己施加的负疚感 ◎

有些杂物引起的负疚感并不来自别人施加的压力，而是来自你自己的偏执，总想把自己无法再喜欢和欣赏的东西送到能喜欢和欣赏它的人家。

担心自己是否在用"最好"的方式解决问题反而是毫无帮助的，尤其是这种担心让你无法做成任何事。

我要告诉你一件事，这件事让我感觉不太好，但我已经决定不要再为此感到内疚了。

我不给教堂的旧货卖场捐东西。

什么？教堂的旧货卖场是清理杂物的绝好机会啊！既能做善事，又有人上门收货，还能让自己有动力在期限之前清理好……为什么不呢？

因为他们不收旧衣服。

清理杂物是我现在的生活方式，我常年都在清理杂物，经常要送走一个或者三个捐赠箱。但我不要分类，只要东西放进了捐赠箱，就完事了。我已经决定了里面的东西一定会捐掉，我不会回去翻这些箱子，然后把里面的衣服又拿出来。

以前我是会把杂物分类的，我以为自己这样做很明智也很实在，但其实我在给自己施加不必要的压力，不必要的压力＝不开始清理杂物的绝佳理由。

我以前把别人给的东西堆成一堆，我争取找人来接收这些别人给我的旧物。

我把自己买的或者别人赠送的东西又堆了一堆。（根据我那个复杂的"我能不能把它卖掉"的清单，礼物跟旧物是不同的。）实际上，这里面包含两堆东西。我把完好的、能在易贝上卖掉的和有小瑕疵但能放到旧货卖场的东西分开。

想知道后面发生了什么吗？

如果幸运的话，我能把那包再转送给别人的旧物拿进车里。通常来说，我会把它放到门边，等下回我看情况如何再送走。如果放在门边，我就不可能忘记把它带给我朋友。在忘掉这回事几周（或者几个月）之后，我可能会记得把那包东西带给孩子的玩伴，看谁想要那些衣服就拿走。

能放到易贝上卖的东西就放进了我的"易贝房"，等到合适的时候卖掉。旧货卖场的东西拿进了车库，等到我攒够东西了，等到天气好了，等到我们没别的事忙了，我们就可以花一个周末（以及之前那周）来把东西卖出去。

我很感激自己现在已经不再那么天真了。你注意到我的所有杂物分类的场景都包括不同形式的"等待"吗？就像水槽里的马克杯和储存箱里的剪刀一样，所有暂时存放东西的地方都是拖延中转站，而我家里不能有拖延中转站。

现在，我把要用的可捐赠的捐赠箱放到我清理杂物的房间里。即使我在清理袜子，而箱子里面已经放满了锅碗瓢盆，我也会直接塞进去，完了之后送到捐赠点。如果我接到通知说有人会来取走垃圾捐赠物品，我就把收拾好的捐赠箱拖到家门口去。万一我错过了那几个接收时间，我就打电话找人来取，或者找人帮忙把箱子放进我的 SUV，然后开到能接收我的东西的地方，要所有东西都全数接收的。

完全不会有负疚感。

我不会再分类杂物了，永远不会。分类杂物既增加清理杂物的时间成本，又增加痛苦和太多拖延的借口，而这些因素加起来只会给自己制造不必要的负疚感。

别人的故事

"我有个很好心的朋友经常给我送来几包'东西'。我以为她已经明白我的意思了，但我下班回家，还是能看到一条旧得发黄的被子躺在我家门口。我直接捐给动物保护中心了。

她问我那条被子去哪儿了，我告诉她我又送人了。她冷冰冰地沉默了一阵，扬起了眉毛，但我之后就再也没在家门口看到神秘的包裹了。她现在还会跟我说话，所以，可能她最终还是明白我的意思了。"

——匿名

25 价值陷阱

幻想：我有很多东西，一部分是值钱的。我知道我
得把不用的杂物清理掉，但我得找一天想想
怎么把值钱的那些卖掉，我打赌里面有些东
西卖掉足够我们去趟旅行！

现实：我有很多东西。等到我终于有时间把东西卖
出去时，我通常会发现自己已经留着那些我
不喜欢的东西好久了，只是为了在旧货卖场
上卖个 25 美分。

主观的（或者想象的）价值判断是清理杂物的最大障碍之一。
我来说明一下：你真正喜欢、能让你高兴，或者能让你生活变得轻
松的东西是有价值的，但如果你只是因为觉得一件东西值钱而留着

它——尽管你不喜欢它，不用它，也没地方放它——那你就该把它扔掉。

为了不超过我的杂物堆放上限，我有两个选择：

选择 1：卖掉不要的东西。

选择 2：捐掉。

注意，无论在何种状况下或以何种形式，以下的做法都不能成为一个选择：尽管我讨厌一件东西，我还是留着它，因为我觉得它可能值点钱。

曾经，我根据转卖价格的高低来看待家里的每件物品。我用大量的时间和精力把家里杂物的价值都榨取干净，用这种方式来清理杂物就意味着那些我不想要的垃圾一直堆在我家，在我决定不想要它们之后还会待很久。现在，我几乎都选择捐掉。但如果你跟我刚开始的状况差不多——我要是说你该把东西都捐掉，你肯定就想把这本书扔掉。

所以，我只会跟你说要现实。下面我会分享几种转卖杂物的方法，以及列出各种方法所需要的工作量，你自行决定哪种方法适合你家。如果我的经验能帮你更快速地清理掉杂物，那我就成功了。

◎ 确定你的"宝物"的真正价值 ◎

很多疯狂收集小玩意儿的人都梦想过能靠这些收藏品赚很多钱。

没有必要让"这玩意儿能卖多少钱"这个漫无边际的想法妨碍

你把它清理掉。马上打消这个念头。有时，最能让你果断扔掉一件你本来以为是值钱东西的方法就是，发现它其实并不值钱。

你花 5 分钟时间就可以在易贝上查到奶奶的那套陶瓷青蛙现在的市面价格是多少。

抓起一只陶瓷青蛙，翻过来，把标签敲到易贝的搜索栏里，显示出来的图片跟你手里的青蛙是不是一模一样？先别高兴。你首先看到的只是其他要卖这套陶瓷的人的出价。

他们可能是对的，也可能不对。

我有过相似的经历。在看到别人出价 150 美元卖掉我也有的一件东西时，我的小心脏扑通扑通地跳！然而第一页的搜索结果却不是那么回事，这些人只是想卖 150 美元。拉到网页下方，看页面的左边，找到"已完成交易"。已完成交易才是真相，其他的都不能真实反映现实。

我在用易贝的日子里得到的最大（最艰难）的教训就是，一件物品的价值只等于别人愿意付的那么多，"已完成交易"的页面就是你认清现实的地方。当我发现（即使在全世界这么多的易贝用户中）没有人愿意花几美元来买我的"宝物"，我就泄气了，我还以为卖掉那些"宝物"足够给我孩子买牙套呢。

用 5 分钟来认清现实，你会发现你的宝物并没有你想象的那么值钱，或者你会知道你真正能得到多少钱，假设你愿意付出所需的精力。

所以，我们现在来说说你要付出的劳动是什么。

◎ 在易贝卖东西要花什么工夫 ◎

首先，你得先做好调研。你的物件是原装还是复制品？有没有瑕疵？有没有经过改装？跟"已完成交易"里卖的那件是一模一样的吗？

其次，你得给物件拍照，上传图片，然后写商品说明（详细地描述所有的瑕疵或者与别的不同的特征）。如果卖出去了，你得等别人付钱，把东西包装好（要小心免得东西碎掉），然后邮寄出去。

你能卖出的价钱值得你要花费的所有这些工夫吗？你能"指望"卖出那么高的价格吗？如果跟你相似的物品根本卖不出去，那么很有可能你根本就是在白费工夫。

假如你还愿意冒险付出时间和精力，那在卖之前再查一样东西：邮费。找到你要用来包装的箱子，量一下尺寸（注意不是物品的尺寸，两者通常差别很大），称一下物品加上包装纸加上箱子的重量，计算邮费需要多少。

觉得我太神经质了？我在易贝上失手的故事太多了，在这里我就分享一个。几年前（在我放弃定期卖东西很久之后），我在旧货卖场买了一件复活节服装，只是为了在易贝上卖掉。我在手机上查过"已完成交易"，别人一模一样的衣服卖了 15~20 美元。

我没法抵抗这个诱惑。

我自作聪明地在易贝上起价 99 美分拍卖。结果那件衣服就只卖了 99 美分，扣掉易贝和贝宝的手续费和稍微低估了的邮费，我还亏了。我都还没算信封的价格和我开车去邮局的油费。我都不想说我浪费了的时间和买衣服的 50 美分了。

所以我经历了很多麻烦，自己还亏了 3 美元，到头来让一个住在别的州的陌生人占了大便宜——低价买到了复活节服装。

注意到重点了吗？在易贝上卖东西很费工夫，有时这些工夫还没有结果。你挣的每一分都要付出很多努力。

◎ 在网上卖东西不用邮寄的方法 ◎

如果你觉得易贝太麻烦，但还是决心要把杂物卖掉，也有别的方法可以在网上卖东西又能避免邮寄的麻烦。**Craigslist** 和 **Facebook** 的本地交易小组就是进行网上交易的其他选择。

你上传要卖的物品的照片和描述，然后感兴趣的人就会联系你。因为不用邮寄，卖掉易碎和大件的物品就简单多了。但你又得跟买家见面，这样安全就成了首要问题。大白天在公共场所见面是个好方法，但又可能会很麻烦。把一件大型的物品装上自己的车，然后 5 分钟后在一个安全的地点卸下来，然后再帮那位陌生人先生把东西装上他的车，想想就痛苦。

约好见面的时间也是个麻烦事。通常你要和买家邮件来回沟通好几次。有时，即使你都回答了好几个问题了，别人还是打退堂鼓说不要了，或者直接不回邮件。然后你又跟下一个人从头来一遍，那人可能说自己非常想要，但后来又说改变主意了。

如果这种方法能把东西卖出去的话，很好；如果卖不出去就很烦。不管怎样，还是得浪费时间和经历周折。

◎ 寄售或者卖给代售商 ◎

如果你觉得自己卖东西太麻烦不愿意去做，但仍然不甘心直接捐掉，那就打电话给本地的专业代售商吧。查找一下本地的"家具寄售"或者"体育用品代售"，打电话给他们，问问他们想不想买你的东西或者让你寄售。

如果你有一大堆小物件，有人会愿意帮你卖掉，然后抽掉部分收入做佣金。问问周围的朋友他们去哪里寄售孩子的衣服、家具和婴儿用品等，或者直接上网搜一下有没有相关的网站。

寄售看着是好办法，因为你把东西送过去（或者寄过去）后就马上能拿到钱，或者在东西卖出后就能拿到钱，但实际上，你还是得忙活。很多寄售商店和网站都只收完好的东西，有些还只收高端品牌。所以你还得仔细检查和挑拣你的东西，而且很多商店还要求把衣服熨烫好挂在特定的一种衣架上。

在动手把东西拖到商店之前先好好看一下要求。我跟很多试图寄售东西的人都有聊过，他们的东西经常只有不到三分之一被接受了。

如果你的东西很贵重，那么古董店和古董经销商可能是你最好的选择。同样，他们会收佣金但是会把大部分工作做了。问问成功利用过本地资源的朋友，让他们给点建议，以免碰到不靠谱的角色。

还是嫌太麻烦了？

◎ 办旧货卖场 ◎

我们从一个能挣钱最多但最麻烦的方法说起，过渡到每件物品能挣少一点儿但也能少花点工夫的办法。

旧货卖场是挣钱的最后一个对策了。但如果你办过旧货卖场，你可能会惊讶我把这个方法放到麻烦最少的位置。

办旧货卖场要花很多工夫，且又不是能让每件物品都能卖出好价钱的方法。人们在旧货卖场就只愿意付"旧货卖场"的价格。不要看易贝，不要指望那个在马路上一边流着汗一边翻着一箱箱连体衣的人给出那么高的价格。你不是在车库办二手时装店，所以价格定得越低越好，这样别人才愿意连拖带抱地把尽量多的东西买走。

这种办法之所以能减少麻烦，是因为它是比较低档的销售场合，并不要求你像单卖一件物品那么仔细。如果一件东西有点儿瑕疵但还完全能用，那来旧货卖场的买家就能自行决定它好不好用，她才是负责在买之前检查仔细的人，你只要把东西放在桌上然后打开车库就好了。

最重要的是，旧货卖场不用想好"卖不出去怎么办"的策略。你已经试过能卖更高价的方法了，或者你已经决定不要花那么多时间了。在卖之前就决定好卖不出去的东西不要再拿回家。如果确定了狗笼在旧货卖场卖不出去就捐掉，这样你就会愿意以更低的价格卖出，最后你会比开始时多了钱又少了杂物。

◎ 没钱没麻烦——捐掉 ◎

最后，但绝对是同样重要的方法——捐掉。随时随地捐给随便某人，捐给你最喜欢的慈善团体，或者送给恰好问起的人。我捐给那些愿意上门来拿又不用我整理好的人。

如果你住在美国，把东西捐给认证的机构是可以拿到捐赠收据的，收据能用来减税。

◎ 不管怎么做，都要把杂物从家里清理掉 ◎

你买这本书是为了收拾好你的房子，不是为了变成百万富翁。这章的目的不是告诉你怎么用多余的杂物赚最多的钱，我的目标是帮你打破你的主观价值幻觉，也是我这样的人最爱用的借口。

可能你的东西真的很贵重，而你也真的需要钱。如果是这样的话，那就卖掉吧。这样既能拿到钱又能把杂物清理掉。

可怜地住在杂物堆里，相信自己如果找到办法就能把东西卖掉后赚不少钱，并不是一个好方法。

如果看完这章你不堪重负，决定永远不想经历这些卖东西的麻烦，那就捐掉吧。

我经历过以上所有的步骤，可以负责任地说，捐掉对我来说是清理杂物的最好方法（最简单、最快捷，压力也最小）。

◎ 最后要克服的一点 ◎

如果你不想花工夫直接与急着买你不想要的东西的人交易（通过易贝、Craigslist、旧货卖场等），那别人转卖你的东西就得赚点儿钱。

如果你不是亲自把东西卖给那个自己想要你东西的人，你就不会赚到全部的钱，你也不该得到全部的钱，中介会扣点佣金作为报酬。

有一次，我拖了一大箱很重的书去二手书店。一位女士扫描了一下我的书，敲了几下键盘，告诉我书店能给我 40 多美元。我特别兴奋，手里拿着现金走出书店，箱子也空了，真是美好，我回家又装上其他书。

我的车载着那第二箱书到处转了几个月之后，我终于想起来要把书放到二手书店。我满怀期待地想着这回能拿到多少钱。

他们只给我不到两美元。

我震惊了。收银员解释了一下系统怎么运作。她说，电脑会预测哪些书好卖以及能卖出的价格。

出于愤懑，我把里面几本"比较有价值"的书拿回来，然后离开了。那几本愤懑的书一直在我车里待了一年（差不多）。我赚钱的希望被打破了，我也很尴尬，当别人告诉我那些我存了很久的书其实一文不值。

但我现在都想通了（大部分）。我不确定两批书有什么不同，但这就是关键。我不知道，书店的系统知道，因为有人（他们聘请的人）设计了一个很复杂的电脑程序来收集全国书店的销售数据。

每间书店都要付租金、电费和聘请员工。如果他们用高价来买那些卖不出去的书，那他们的生意也不用做了。

他们只是很现实。他们付出了劳动，而我只是把一箱不要的东西拖过去而已。

现在我已经不在乎谁来卖我的东西了，我只是想把东西弄出我家。

不要太过纠结转卖这件事。要不就自己花工夫卖个好价钱，让买家直接给你钱，要不就把东西捐掉，不要再烦恼。

就是不要再把那些东西留在家里了。

26 清理杂物的动力

幻想：如果清理杂物，我就要从让我最不爽而且烦
了我最久的东西开始。

现实：最让我烦恼的东西偏偏是最难做决定的。如
果我等到能做决定再开始，我就永远不用开
始了。

我喜欢给女性朋友开关于理家和清理杂物的讲座，我喜欢看她
们受到鼓舞而眼睛发亮的样子。

但我每次讲座都会被问到一个问题（以不同的形式）。

妈妈们：如果我不知道我还会不会生小孩儿，那我该怎么处理
婴儿用品？

老师们：我教三年级很多年了，但我现在在教五年级。我该怎

么处理三年级的东西呢？毕竟我不知道自己还会不会用到。

缝纫棉被爱好者：我的纺织布料堆得到处都是，但我又不愿意扔掉任何东西，因为可能随时就用得上。我该怎么办？

她们真正的问题是：我压力很大，因为我不能预测我生命中最重要的东西在未来会怎样，所以我该怎么办？

我的答案：我也不能预测未来，没人可以。而且我一定不会预测你的未来，因为那跟我完全没关系。

我的解决办法：不要从困难的东西开始，先处理简单的东西。

你已经差不多读完一本关于维持家居整洁的书了，你找到了希望。你可能兴致勃勃（虽然有点儿奇怪）准备行动起来，找到自己的杂物堆放上限，合上那个永远合不上的内衣裤抽屉。

兴奋感过后，你马上想到了让你压力最大的那些杂物，到底要不要留着。

真的要做这个决定其实在情感上来说很困难。扔掉了这一堆杂物，就等于宣告了你生命中一个时代的结束。

所以不要从压力最大的开始。现在想都不要想那些东西。拿起一个垃圾袋，先处理掉那些最简单不过的东西。

当你进入清理杂物的状态后，你的大脑自然会专注到烦扰了你好几个月的那些难搞的杂物上。

如果我从家里最难搞的地方开始，我会感觉压力很大，就更加不愿意开始了。

所以先提高厨房的使用面积，清理干净客厅饭桌和钢琴表面，清理洗衣房的地面。

先解决非情感类的杂物。改善家里状况，好好地体会这些改变，然后神奇的事情就会发生：你会获得清理杂物的动力。

我刚开始像个疯婆子一样清理杂物的时候，每次扔东西心都好痛。对于一个长期爱好收藏的人来说，把每根发带、每把刮铲、每本书放进捐赠箱就跟挖掉了我灵魂的一部分一样。

但我已经改变了。我现在有经验了。

在我孩子还小的时候，我留着每一张他们乱涂乱画的作品，从来没想过扔掉他们的一张讲义和练习题。我本能的决定是把这些东西都叠到一起之后再处理，到清理杂物的时候，我翻检完一堆又一堆这些几乎没用的东西，最后只在三十到四十张明显是垃圾的纸里面留一张有特殊意义的。我开始以不同的眼光看待我家的每张纸。我的孩子也明白了没有必要给子孙后代留着他们的数学练习题。

慢慢地，我变成了一个无情的杂物清理员。我变得无情是因为我体验过家里东西少了的美好。我喜欢家里的东西变少，我喜欢不用碰撞到东西，我喜欢把游戏室给有需要的人睡一晚，我喜欢把手伸进橱柜拿要用的调料也不会被掉下来的瓶瓶罐罐砸到头。

相比我的东西，我更看重一个开放、宜居的空间。

如果我在卖掉婴儿用品之后又有了孩子，我也能在别人那里买到婴儿用品，代价比两年开放、宜居的空间的价值要低多了。

如果我又回去教三年级，调去教五年级，退休了的老师会很高兴把她的东西给我用的。

如果我要用到海军蓝的方格花布来做棉被，我就有个绝佳的理由和朋友去一趟棉布店，顺便再一起去旁边的茶室喝茶。

我知道生活还能继续，我知道我能活下去。我有经验。

经验就是从扔掉不会要你命的东西中得来的。

How to Manage Your Home
Without Losing Your Mind

Part D

整理与家人
的关系

鼓励和尊重家人，建立规矩，
做你力所能及的一切来帮助他们。

27 不要牺牲与家人的关系

幻想：如果我不用处理家里"其他人"搞出来的乱
　　　子，我家会一尘不染。
现实：就算这个幻想是真实的（完全不可能），生活
　　　也会因此变得乏味。我其实很喜欢这些人。

我已经废除责怪别人的游戏了。

放弃它是我"懒癌疗程"的重要一部分。我完全可以表现得很
高尚，说这是我主动承担自己行为后果的决定。但说实话，放弃是
自然而然的。

我开始写博客的时候，很确定自己一定会半途而废。因为过去
我每次试图改变我邋遢的生活方式都失败了。

我丈夫知道我想要个博客，他很支持我。他总是很支持我那些

疯狂的计划（除了买架子之外）。我已经说想要开一个博客说了一年半了。我用了十八个月来计划、调查和拖延，因为我家一直乱得惨不忍睹。

后来我终于建了个博客叫"懒癌患者的自白"，但我没告诉他。在开始的大约六个星期里，他都不知道我有个博客。我隐瞒不是因为我害怕被批评，是因为我觉得这件事不太可能会成功。

除了网上那些不会见面的陌生人，我也没有告诉我妈或者我最好的朋友或者任何人，所以他们都没有读我的博客。我开通博客的时候还用了假名（小匿，"匿名"的简称）和新的邮箱地址，因而不会有我认识的人发现这些尴尬的自白是我写的。

出于害怕我把博客这件事隐瞒起来，却也有个意外的好处。因为我不能说我在干吗，所以我不会期待任何人的关注，不会期待有人加入我，或者帮我。

我在网络世界里面滔滔不绝，但在现实世界里却守口如瓶。说话少了，干活也就多了，比如洗碗。在写作中我自己想通了，不用再去叨扰身边的人（之前每次我决心要改变自己的邋遢习惯就会这么干）。

因为我不能说起自己在干吗，我干成了两件事。第一件是我只专注努力和分析我在做和不在做的事情。通过我的那些努力，家里状况开始变好了，而且好多了。在没有人注意到的情况下，我默默做出了这么大的改善。

过去，我会想着尝试一种新方法。我会告诉家人我的计划，然后他们会点头同意，过后就忘掉。他们不会像我那么认真，因为他们没有察觉到问题，也没有想着改变。

即使我告诉家人我们不能再那么邋遢了，过后又会有人把脏盘子丢进水槽里，我觉得很受伤。我已经告诉他们不要再这么干了。我把他们不在乎水槽里的脏盘子这种行为理解成他们不爱我、不尊重我。但因为这回我没有告诉他们我的决心和计划，我就直接把水槽里的碗放进洗碗机，一点儿被拒绝了或者不被爱、不被尊重的感觉都没有。

等到恰当的时机我想起来了（通常我都不会在恰当的时机想起），我就要求／告诉（要求丈夫，告诉孩子们）把碗筷直接放进洗碗机。到那会儿，他们已经习惯我每晚把碗放进洗碗机了，所以我的要求十分合理。

然后我发现，在没有专门建立规矩的情况下我已经建立了规矩。如果我让家人做我自己没有在做的事情，他们就会很迷惑。我家有自己的运行方式，跟我想要的方式完全相反，但我的孩子们也只懂得那么做。

一旦我给自己建立了规矩，那我的家人在建立规矩之前就能投入进来。

就像坐扶手电梯一样。如果你要坐的电梯突然停了，又动了，然后还加速，再减速，我想你也不会走上电梯。

虽然扶手电梯有点儿吓人（你不觉得吗），人们还是愿意坐，因为他们在上去的那一刻就知道之后会发生什么。

有了规矩，我家人就能直接加入进来。

◎ 承担责任 ◎

我们结婚之前，我的丈夫作为一个单身汉，一直都把公寓保持得不错，但他过得一塌糊涂是在跟我结婚之后。

他知道怎么洗衣服，他知道怎么洗碗，他每个周六早上都做得一手好煎饼。

他总是很乐意帮忙的，但他帮忙得靠猜。他得分析变幻不定的情形，猜猜最应该帮忙做哪个家务。他会洗掉一筐衣服或者把碗放进洗碗机，但这根本对家里的狼藉毫无帮助。他的劳动不会产生持久的影响，因为那不属于清洁习惯的一部分——因为当时我们没有清洁习惯。我没有把他的劳动成果保持下去。

每次帮忙做家务其实都没有帮上多大忙，他下次帮忙的动力就会少一点儿。

所以他就接受了家里的狼藉是常态了。

是我起的头，我设定的常态，我培养的没有习惯的习惯。

但等我开始洗碗之后，我洗碗的行动（而不是喊口号）就在我家建立了一个切实的规矩，他注意到了变化。

现在他跟我一样经常开洗碗机，因为这是我家的习惯和规矩。他知道如果洗碗机每晚都开，我们的厨房就能保持整洁，我们也不用就着量杯吃麦片。

他知道周一是洗衣日。他知道如果我们周日晚上把脏衣服分好类，他（基本）每天上班都能有干净的袜子穿。

孩子们也知道了每天的"5分钟收拣"。我们第一次实行的时候，我都抓狂得想把头发扯掉，但第二次就好一点儿了，第三次又好一点儿。现在我们已经做过无数次的"5 分钟收拣",他们也确实能帮上忙,虽然我还是得教他们。

在第一次失败之后,我并没有举手投降,因为他们不知道怎么做是我的责任,我得接受。他们不知道把东西放哪儿是因为他们没有见过家里整齐的时候应该是什么样的,除非我家有派对,他们不知道平日干净的起居室是什么样的。

◎ 在我看来明显是杂物的东西 ◎

现在我来告诉你关于两件衣服的故事。

第一件是一条海军蓝健身短裤。松紧带已经松了,还快要断了,有一面溅了不少油漆,腰带快要掉了,洞的面积比完好的部分还大。

第二件是一件深绿与浅绿细条纹相间的 T 恤。领子都快要跟衣服分开了,背后还有一串洞。

健身短裤是我的,我留着它是因为背后有个故事。我在曼谷做老师的时候,我们的学校在下雨天会被淹。那天学生都待在家里,但老师要帮忙打扫卫生。我们穿着裙子到的学校,所以体育老师(我的室友)就把体育制服都卖给了我们。在我人生那段独特而又短暂的时光里,那天尤其好玩。因为那段回忆我很喜欢这条短裤,看到短裤,我就能想起那天。

T 恤是我丈夫的。我觉得可能是哪个营地的,但确切的我也不知道。

我清楚健身短裤的故事，因为那是我自己的故事，我能感受到里面的情怀，所以留着它。上面的破损是时间流逝的见证。

他的 T 恤则不是我的故事，看到它我没有任何感觉，我只能看到那些洞。

几年前，我把那件绿条纹的 T 恤扔进了垃圾桶，他又拿了出来。跟大多数妻子一样，我很恼火。

现在，衣服放在了他的 T 恤抽屉里。只要抽屉能关上，谁在乎那件塞在底下的破洞 T 恤？

◎ 看什么都是杂物的眼睛 ◎

我的丈夫每晚回家都会把口袋里的东西掏出来，收据、便条和其他杂物都会放进卫生间洗手池旁边的抽屉里。

那个放垃圾的抽屉曾经要把我搞疯。为什么？因为他的东西。

我自己的杂物铺满了整个客厅饭桌（明显多得多，而且还会被按门铃的人看见），但那是我的东西。我（大概）知道那些都是什么东西，知道我什么时候会清理（可能吧），知道怎么清理（大部分）。

他的杂物是我没法控制的，虽然与我饭桌上的那堆相比少得多（也比我在整个房子里的杂物要少），但是脱离我的控制会让我觉得那堆东西没法收拾，让我心烦意乱。

虽然整个房子都脱离控制，但我就觉得他的那堆东西是问题所在。

但是，前面说过，我在他知道我要做出重大改变之前就开始清理房子里的杂物，所以我没法专注于他的杂物。我必须先从我的杂物开始，我扔掉了我的东西，扔掉了公共的东西。

在清理掉我自己的东西之后，我们家看着好多了，住着舒服了，运行也正常了。很奇怪，他兜里的杂物不再像原先那样让我心烦意乱了。他的东西不再是我的"杂物骆驼"背上的最后一根稻草。那就只是一小堆杂物，而且大多数都收在一个我不会用的抽屉里。

然而还有一件别的事情，那就是清理杂物的习惯也会传染。他享受到了家里舒展的空间，而且看到我扔掉他从来不认为我会扔掉的东西，于是他也开始清理自己的杂物。他开始把开放的空间看得比东西重要，开始体会到东西变少的快乐。

◎ 给别人一个收纳箱，尊重他们的杂物 ◎

我需要学习怎么处理别人对杂物的感情。我说的"别人"指的是我的丈夫和孩子。在这方面我的一个很大的优势是，我完全明白这种对物件的非理性感情。

我通过博客来剖析我自己的非理性感情。我的家人没有这个便利，所以他们可能不明白为什么扔掉一件破 T 恤会让他们呼吸加速。

等我自己明白了"收纳概念"，并感受到它大大地减少了我做杂物清理决定的痛苦之后，我跟家人分享了这个概念。

我没有让他们坐下来听我说教，我只是给了他们几个收纳容器。

我跟老公说，"我把卧室里那个我们盖了张桌布当成是桌子的箱子清空了。你可以把你高中和大学的东西放进去，这样你的衣橱就有地方放衣服了"。

我跟孩子们说，"把你们最喜欢的书放到这个架子上。架子放满之后，我们就把放不进去的清理掉"。

"收纳概念"很简单，但很好用。提供收纳容器（即使只是简单到说明架子的有限空间）能达成两个目的。第一，说明我尊重他们想保留自己认为重要的东西的需求。第二，收纳容器有确定的、可见的界限，规定它们能保留的东西数量。

收纳箱替我施加了限制。告诉他们如果想留着一本水泡过的杂志就必须舍掉那本书页都散掉的爱书，这样留着杂志就没有道理了。我不是一定要做个苛刻的妈妈。

◎ 不要牺牲与家人的关系 ◎

我把这章放在书的末尾。可能你读到这里是想着我的方法能帮到你家里的其他人，可能你是这个世界上最有条理的人，如果不是家里那个邋遢的人，你家会非常完美。

我写这本书是为了帮助自己想要改变的人，不是为了帮助想改变别人的人。作为一个不喜欢被别人指导怎么做的人，别人想改变我的话我就会很生气，我会反抗。

年轻的时候，我的邋遢让我妈非常抓狂。她用了一个又一个方法、策略和技巧让我改过来。她鼓励我，又教训我。

但她从来没有停止过爱我或者让我知道她对我的爱。现在我成了一个邋遢的大人，我们的关系依然很好。

所以去吧，鼓励家人，建立规矩，清理杂物，做你力所能及的一切来帮他们改变。但是，无论如何，都不要为了这件事牺牲和家人的关系。

人比东西重要得多，这是必须的。永远要让他们明白，虽然他们的邋遢让你生气，你还是更爱他们。

如果你真的没法克服那种挫败感，那就去寻求专业帮助吧。大多数情况下，你生气都不仅仅因为某件东西（你对它的厌烦或者你爱的人对它的执着或者两者兼有）。

别人的故事

"收纳概念让我和老公能用一致的语言来商讨家里应该保留多少东西。我喜欢简单、空旷和开放的状态，我老公喜欢充裕，他能为每件物品想到一百万种可能的用处。我们之前完全没法达成一致。

"我：我们不需要这些（东西）。

"他：但我们可以用它们来……（此处列出几十种不同的想法）。

"我：但我们不会用的。

"他：但我们可能会用啊。

"这样的对话最终并不能得出任何结论。下面是新的对话：

"我：我们该把这些东西放在哪里？

"他：（指出一个地方）。

"我：太棒了，你知道谁用得上我们放不下的那些东西吗？或者我们就直接捐掉？"

——罗宾·D.

"我天生是一个相对有条理的极简主义者，家里有一个没有条理的极繁主义者。我们现在有两个年幼的孩子，家里简直混乱不堪。虽然我不能怂恿把别人的东西扔掉，但我筛选了公用的东西（尤其是在我'领域'范围内的东西——邮件、衣服、婴儿用品、家用器具）。我不能控制我的伴侣保留什么东西，但我至少能把料理台上面的东西清理干净。"

——莎拉·A.

28 关于特殊情况的几点建议

幻想：如果我有更多时间、更多精力和一个大点儿
的房子，所有都会变得简单。

现实：我现在的生活就是我的生活，我现在的家就
是我的家。我不能改变这些，所以我还不如
尽力而为。

我们已经来到本书的最后一部分了。说实话，这部分的题目可
以跟第一部分一样：认清现实。接受现实是促使你行动起来和做出
持久改变的关键。

不好意思。

我们已经都说过了，对吧？怎么可以预防家里陷入灾难状态，
并且基本上每天都保持正常；怎么把过多的东西减少到你不把自己

逼疯就可以处理好的数量。

但如果你的情况很特殊怎么办？如果你的生活跟我不一样怎么办？

我收到过很多女性的邮件，说她们在使用我分享的策略之后家里发生了巨大的变化。我很喜欢看这些邮件，但是里面有些东西之前一直让我很困惑。邮件里常常出现的一句话是："我跟你有共鸣因为_____。"横线处可以填上各种不同的事情。

有些人说她们跟我有共鸣是因为她们在外面有全职工作，但我是家庭主妇；有些人说她们跟我有共鸣是因为她们在家教育自己的孩子，但我的孩子是去公立学校上学的；有些人说是因为她们"有慢性疼痛"或者"有双胞胎婴儿"或者"是单身"，但这些情况都跟我不同啊。

然而，偶尔我也会从一些女性那里听到完全相反的说辞，即使她们连试都没试过那些策略。

你知道差别在哪儿吗？觉得那些策略有效果的人都是真的有去洗碗的人。

◎ 正式打破你的幻想 ◎

事实是这样的。世界上有些人能保持家里干净，而她们恰好有慢性疼痛，有双胞胎婴儿，并且／或者单身；有些人也能保持家里干净，而她们有十个小孩儿，干三份工作，收养被遗弃的猫咪，每周六早上都自己动手烤香蕉面包。

然而也有些人不在外面工作，而且每周都请人来打扫，但是家里还一直处于灾难状态。

我有好几年都在指望我人生的新阶段会神奇地改善我家的状况。我毫不怀疑我会变成一个有条理的人，只要我的日程不是那么繁忙和无法预测，只要我不用教一整天课之后还得上夜班，只要我的公寓不是那么小，只要我的房子有足够的储物空间，只要我不用给孩子换尿布，只要我不用忙现在正在忙的事情。

随着人生新阶段的展开，我很失望地再次发现，我的邋遢并没有因为我生活状况的改变而改变。

改变是发生在我接受了这个事实之后：基本的家务始终是基本的，无论情况怎么特殊。

如果家里没有一个系统的方式来处理基本家务，那它就会一直失控，无论你有多少闲暇时间。如果家里有系统的方法来处理基本家务，那就可以避免灾难状态的发生，即使你疲惫不堪、劳累过度。

不要误会我。清洁日程和整理技巧不是放之四海而皆准的，而且有些人可能比其他人更加困难。此外，如果你有孩子，有工作期限，有疼痛疾病的话，那坚持做好基本家务会更加困难。但你的生活是你的，你家的人口是这么多就是这么多，你的工作日程和房子的大小可能是你真的无法改变的东西。

不管你的日子是怎么过的，你还是需要干净的盘子和干净的袜子，拿你自己的状况和别人的做比较也不会改变这个事实。我已经把理家的工作浓缩为最基础的几个，所以尝试一下吧。如果对你而言这些方法的效果跟我的不完全相同，那就通过尝试找到最有效的方式。说服自己不去尝试是不能帮你解决任何问题的。

生活和工作日程的压力与清理杂物的压力是相似的。你不知道该从何处开始。

那就从简单的做起。

与其被整体的混乱压垮，不如先专注于小处。慢慢来，从每天最小的工作做起，你都不能想象这些小事会改变你整体的生活状态。你会惊讶（甚至震惊）地发现，只要把碗筷或者卫生间的杂物或者脏衣服处理好，压力会消除不少。

不要相信只有一种方法能解决问题这个荒唐的想法。接受你的特殊情况，做好你必须做的。以下是我的一些观点和改变思维方式的建议，用来对付各种特殊情况。

◎ 有高强度工作的妈妈 ◎

第一，确保你不会为了坚持原则而忽略现实状况，进而受到打击。你不可能每件事都亲力亲为，那是不可能的。找一下你每天那些尴尬的时间空隙，利用这些时间来做最基本的家务，从效果最好的做起（所有这些都可以在附录"28 天改变你的家"里面看到）。整体日程看来是很紧张的，但如果你能逐个攻破，逐步培养基本习惯，最后的效果肯定会让你惊艳。

如果你真正尝试过了，还是觉得喘不过气来，那就看看你能把哪项家务外包了，这样你能释放一部分脑容量，把自己从不能完成任务的内疚感中解救出来，专注在你能完成的事情上。

我知道，外包通常意味着花钱，所以我不太愿意推荐这种做法。我是个节省的人（有时节省得给自己找事了）。我写这本书是为了帮你保持家里整洁，又不用在这里或那里花费超过几美元买一些基本的清洁产品。

如果安排每天的饭菜让你觉得有压力，用了我的方法也不太管用，那就花几美元去试试膳食计划服务吧。在网上或者我的网页搜索"膳食计划和可打印的材料清单"，你会找到很多平价的选择。有些可以花几美元就买到一周的计划，有些是按月订购，每周会把菜谱和买菜清单通过邮件发给你。我订阅过几年的膳食计划，十分惊喜它为我的生活节省了脑力和精力。把这份经常烦扰你的压力从本就繁忙的日程中去掉，你整体的压力水平就会下降。你会发现，去掉这份压力之后，你有更多的时间和精力去对付洗碗和洗衣服这样的基本家务。

现在，我们聊聊怎么外包才能达到让你重燃动力的神奇效果。如果你已经在实践每天洗碗和"5 分钟收拣"的习惯，好让房子脱离灾难状态，但你又总是搞不定卫生间和厨房地板，讨厌把时间都花在这些事情上，没时间干别的。这样的话，你可能得允许自己寻求外援，请别人来打扫房子。好了，我说了，但拜托拜托，先别合上书。如果你的情况跟我相似，那你可能会对这个建议有两个反应。

第一,十分生气。"好吧，你都对。如果我能请得起清洁工，我完全就不会有任何问题了！一个都不会有。而且我也绝对不会买一本自诩懒癌的人写的关于理家的书！"

第二，有点儿欣喜。"哇哈！她说我可以请人来给我打扫！我再也不用洗碗洗衣服，弯下腰干活了——再也不用了！"

我先来说说这里面的幻想成分。我澄清一下，让人来打扫是很好，但不会解决你的懒癌问题。多年以前，我在海外生活，我每周花钱请人来打扫我的公寓，在美国，大多数清洁工是一个月来一到两次。如果你从来不自己洗碗，那清洁工可能会把全部时间都用来洗碗，而不会打扫别的区域。同样，收拾杂物也是一样。如果你自己从来不收拾杂物，那清洁工就没时间帮你做别的事情了。

基本上，该做的家务还是每天都要做，不管你请不请清洁工。处理好那些事情，然后，如果你的生活方式和预算都允许，那就考虑请别人来完成那些比较复杂的、（大概）每周做一次的家务，比如清洁卫生间、拖地板等。

即使你认识到请清洁工真的对你家有好处，你也未必能说服自己花那笔钱。我现在也不能（虽然我希望未来某天我可以），所以我必须尽我所能，用上我分享过的那些策略。然而，如果你因为有了膳食计划而经常在家做饭了，那你可以把那部分预算用来请人帮你每个月或者每个季度打扫一次房子。

你甚至还能把洗衣服务外包了。看看本地的自助洗衣店有没有这项服务，或者问问周围的人。你认识的人（或者他们认识的人）里可能有人想赚点外快。确定自己愿意和能够支付的薪酬，把数额跟别人说清楚。如果你不好意思把家人的内衣拿给别人洗，那就只把其余的送过去。

我允许你用任何办法，把你的现实生活中、你那个特殊的家里需要做的事情完成。

但我不允许你做的是（也不是说我允不允许对你来说有多重要），我不允许你因为请得起清洁工就放弃自己、不作为。

◎ 给有慢性疼痛的人的建议 ◎

很多有慢性疼痛的人跟我说，她们发生的最难过的变化就是，家里以前干净得闪闪发光，现在自己根本没有体力让房子维持心中的标准。拥抱现实常常包括一个悲痛的过程，有慢性疼痛的人要慢慢才能接受她们新的常态。

慢性疼痛会让人的精力变得有限和无法预测。有精力的时刻可能刚好处于工作间的空当。等你搞清楚基本家务是哪些之后，在你有精力的时间里按效果大小来逐个处理，到你精力花光了，你也能看到明显的劳动成果。

此外，要记住家里少点东西就意味着少点混乱的可能，所以杂物清理得越多越好，越频繁越好。如果有人来帮忙，指引他们按照同样的策略来打扫，这样你在有能力的时候就可以在他们成果的基础上继续劳动了。

◎ 给那些生活空间小的人的建议 ◎

把"收纳概念"看作自然定律，把我当作杂物清理界的"牛顿"。（难道重力不是一直存在的吗？每个小孩儿都知道苹果会掉到地上，只是要有人来解释一下为什么会这样。）同样，接受你家就是现在这样。我现在的家是我之前居住空间的几倍之大，而我曾经认为地方小是我邋遢的根源。可是这个家就是让我绝望到开始写理家博客的原因。所以，跟家的大小没关系，跟你明不明白家里的空间是有限度的有关。

◎ 给真正的囤积狂的建议 ◎

我不会给你做什么诊断或者开什么药方，因为我知道你的状况需要专业帮助。但我针对的是已经读到这里的朋友，你们认为自己（或者担心自己可能）是囤积狂。只要你接着往下读并好好理解，你就能做出改变。

把碗洗了，即使你得花上整个月。直到你把每个碗都洗干净了，然后在十二个小时内把新的脏碗洗干净。把垃圾倒了，一直倒，即使这是你能做的唯一一件事。如果洗碗和倒垃圾对你来说压力太大，一想就慌，即使要处理的数量很少，那你就得找找当地的治疗师了。如果你已经读完这本书了（可能还读了两遍），那就说明你已经意识到有问题了，你准备好去解决了。

我们都同意，外人不知道你的生活到底是什么样的，而我们这样想没错。我们都没错。没有人能知道。但还记得开头几章里的一句话吗？"光想并不能干成事情。唯一可以带来改变的是'做'。搞卫生不靠手上的工具是不是最好的，能用就行。"

差不多读了两百页之后，这句话依然是真理。

29 持久的改变

幻想：这次我很认真。我吸取了过去的教训，我会
做出持久的改变。

现实：我在做出持久的改变，但它们好像跟我想的
不太一样。

我们终于来到这里了，来到了这本书的结尾。你开始读这本书
是因为你觉得家里的状况让你压力很大。

我现在来回答你真正的问题，如果你只能问一个问题，那你可
能会问：这些成果会保持吗？

它们能保持吗？一个挣扎了数年甚至一生的人，能克服她邋遢
的毛病吗？

可以。但原理却跟我曾经以为的不太一样。

从前，我以为我能有完事的一天，我的房子会回归正常并且永远保持下去。我对"从此幸福地生活下去"的模糊想象是，我们一家人都开开心心的，洋溢着微笑，背景里的房子一尘不染。

在过去七年的"懒癌疗程"里，我家发生了翻天覆地的变化。但更重要的是，我也发生了变化。我的变化让我对"能不能保持"这个问题做出了确定的回答。

◎　我已经接受现实　◎

我已经不再期待生命的下一个阶段可以帮我神奇地搞定卫生问题了。我想和家人舒服地生活在我家……马上。但不只是喊好听的口号，我已经找到这种思维方式容易松懈的地方，所以，如果我的思考过程出现了偏差，脑中的红灯就会闪烁不停，给我自己一个提醒。

马上就过好生活意味着我在现在的家里住得舒适。每次搬家，我看着还没住进去的空房子都会想象一个装饰精致、干净整齐的家，但住进去不久之后，我发现里面没有足够的空间塞我的东西，我就开始幻想下一个家，我想当然以为问题都出在房子上。

现在我知道真相了，是我的东西太多。我现在把房子看成是我们全家人的收纳箱。我们，加上我们所有的东西，都要舒舒服服地安置在房子里。我所有的房间、抽屉和衣橱决定了我们能拥有多少东西，而用不着我来做这个决定，于是压力消失了，我很高兴。

我拒绝等到孩子们都离家了和我"有时间了"之后再享受一个

舒服的家。我不会有时间的。我已经一次又一次地打破了关于下一个生命阶段的幻梦。我有意选择了在我这个独特的生命阶段和我这个独特的家里解决这个独特的问题，管它有什么含义。只要我们能完成我们需要做的事情并且享受生活，我就成功了。

◎ 我从最好的老师那里学到的 ◎

我太高兴你能读我的书了，但我不是你的老师。你需要向我的老师学习，而我老师的名字叫经验。

我也读过很多相关的书，问过很多问题，观察过别人的家，但只有在我真的每天都洗碗之后才明白为什么这个习惯（或者任何雷打不动的家务或者每日的清洁习惯或者预先做好的决定）有用。在洗碗的时候，我能看到洗碗的效果，并且感受到那个效果。我体会到如果我每天都能搞定这个简单的家务，家里会发生多大改变。

在经历过东西变少的生活之后，我明白了我需要清理杂物，此后我可以在家里自由地行走。我见证了"5 分钟收拣"对一个家产生的震撼影响，尤其是家里的（几乎）每件物品都有固定的位置。我一次又一次地重新清理杂物，明白了把不需要的东西拿走后，留下的东西就能更长时间保持整齐。有了这些感悟，我慢慢也找到了我的杂物堆放上限。

我和家人把清理杂物作为生活方式。我们总会在捐赠点的后门备有一个可捐赠的捐赠箱。虽然我还是会集中清理杂物，但次数减少了，没那么频繁，也不再那么有压力，因为我们都习惯了玩具一坏就马上扔掉，发现衣服不合身了就放进捐赠箱。我们体验过杂物变少的生活，我们都很喜欢。

我规定了在繁忙的日程中也能完成的清洁任务。在写这最后一章，拼命赶着最后期限的时候，我也停了下来。我从混乱的饭桌旁的椅子上站起来，把洗衣机里面的衣服挪到烘干机，把一大堆深色衣服分成两小堆（其实不小），一堆是学校制服，一堆是充满汗味的运动服，然后启动洗衣机洗衣服。

我可以很确定地告诉你，六年前我肯定不会放下一个期限将至的写作任务来搞定像脏衣服那么微不足道的事情。但经验告诉我，完全说服我，狠狠地教训过我，洗衣日是完全值得我每周一停下手上的事情六次、每次 5~15 分钟的。我从经验得知这是可以做到的。等周一完了，我从经验得知我在余下一周的写作中都不用再担心我的孩子没有袜子穿了。

我已经告诉你我所用的方法以及它们对我家的改变，但现在你得自己去体验。我能感觉到你的怀疑，因为我也曾怀疑过。不管你有洗碗机还是靠手洗，坚持每天都洗碗。在你那个特殊的家、特殊的日程、特殊的人数和状况里，体验一下每天洗碗（在它们需要集中清洗之前）有什么效果，无论发生什么都要坚持。这个经历能教你的比我多。

如果你打心底里觉得洗衣日是你读过的最蠢的提议，那就坚持每天都洗衣服。在一周之后，庆祝自己已经搞定了洗衣服这件工作，而且从经验得知了你家该怎么洗衣服吧。如果你恰好发现自己也跟我一样连着四天在洗同一筐衣服，那就试试洗衣日这个方法吧，至少试三个星期。到了第三个洗衣日，你就能确定这个方法在你家管不管用了。

在读书或者浏览网页的时候，同意地点头或者厌恶地摇头都不能改善你家的状况。你是唯一能改善你家状况的人，在体验到什么管用之前你都不会确切知道什么管用。

保持家里的整洁是需要努力的。其他不像我那么纠结的人是花了工夫的，只不过他们的工夫用对了地方。他们把工夫用在了每天的家务和定期的清洁计划上，而没有把工夫花在决定每天应该做什么上，他们不会花比洗碗多几倍的工夫来纠结当天值不值得浪费时间洗碗。

在我规定了每天的清洁任务和体会到我家随后惊人的变化之后，在我消除了做决定的纠结，并且把精力用在每天最基本的家务上之后，我从经验中得知，如果工作只是工作，会变得容易很多，因为没有了内心的挣扎。

去吧，去体验、去洗碗、去清理杂物，你的"懒癌视角"会随着你培养的每个习惯而退散，你家也会因为你的每个行动而改善。

◎　我失败了　◎

我开始"懒癌疗程"的时候是决心要变得现实些，但我还是希望我能做到完美。总有一天，我不会再纠结这些对别人来说轻而易举的事情。

其实我永远都会纠结，因为我的脑回路跟有条理的人的不同。还记得关于大多数整理建议的肮脏的小秘密吗？那都是有条理的人写的，我只希望我"收拾后"的照片能跟他们"收拾前"的照片一样。意识到我脑回路的特殊性后，我只听从那些在我家管用的建议，而不去担心那些不管用的。只要我坚持尝试、努力、搜寻，并在最后找到管用的方法，我就在进步，我就做得比从前更好。

注意到我在前几段提到我家混乱的饭桌了吗？桌子变乱和地上堆杂物的情况已经发生得比我开始"懒癌疗程"之前少了，但也还是会发生。在我专心完成一个项目的时候（比如写书），我的 TPAD（时间感知意识障碍）就会抬头，我的"懒癌视角"重新回归，但我也不会放弃。

根据我"懒癌疗程"前的标准，我是失败的。我确实失败了，但失败让我认识到什么事情不做影响最大，我知道了要做什么才能让我家回到正轨。明白了就等于赢了这场战争的一半，余下的一半就是完成我所需要完成的工作。

只要我坚持，我的失败就不是真正的失败。真正的失败只有在我放弃的时候才会发生。跟我拜访正常人家里时的感受相反，清洁和整理并不是一场竞技比赛。我只对我自己、我的房子和我的家人负责。只要我把碗洗了，我就胜利了；只要我不举手投降，宣布另一个方法也失败了，我就胜利了。即使看不到结果，我也会坚持下去。在把碗洗完之后，我就总能看到结果。

你会失败吗？

会，又不会。回去读上一章吧，就像读你自己的故事一样。

你会失败，但只要你不放弃，你就会成功。

◎ 现在有什么不同 ◎

你知道该做什么，你不是独自一个人。

我不会再叨叨"你知道该做什么"这部分了，因为你已经知道你该洗碗了。

但"你不是独自一个人"这部分是同样重要的。

从前，我只想写我的强项。我没想撒谎，所以我打算只说我擅长的事情。我想鼓励与家人分享这段美丽的生命旅程的女性，而且我真心相信，分享我已经掌握的东西是鼓励她们的最好方法。

我错了。在接受了我练手的博客就是真正的博客的几年之后，我还是鄙视把家里又变脏了的照片放到网上。但我也认识到，坦承我的挣扎能给迫切需要帮助的人以鼓励。

我还是会在博客上展示我的懒癌，我还是会分享曾经打扫干净的空间又变成"打扫前"状态的照片。如果你在读完这本书之后去看我的博客，你可能会发现有篇文章展示了我家"第无数次变脏了"的卧室，你也可能会看到"预先做好的决定"在繁忙的一周里证实没有作用。

但四处看看，你还能看到有人几年来无论发生什么都每天坚持努力、学习、继续奋斗的例子，你能看到我因需要而临时想出的应对策略。你会知道我怎么一次又一次地在日常生活中应用这些策略，你会看到成千上万的其他女性的评论，她们与我有相似的困难，同样也能理解你的状况。

你会找到同伴的。你不是独自一个人，你没有出问题，所以继续坚持吧。我在书的开头就跟你保证过我的每个策略都是基于经验且在现实中验证过的，我分享的每项建议都在我的"懒癌实验室"里彻彻底底地测试过，一遍又一遍。

现在轮到你去探索怎么把这些建议用在你家了。

第一步：洗碗。

最后一个别人的故事

　　"你说你这辈子都会挣扎。这话对我来说太有用了！就是我可以不用拼命去'打败'这个怪兽了，完美结局就是不可能的，但'不断努力'是我可以理解的！看到你的进步（就算你还一直在挣扎）以及看到我自己的进步（我在过去两周做的事情比过去两年还多），这给了我非常大的鼓励。我知道听着有点儿自相矛盾，但知道努力没有停歇的一天给我带来了希望。"

——布里奇特·W.

附录

28 天改变你的家

（不针对轻度整理障碍者）

四周内培养四个清洁习惯。

改变家居状况的新希望。

现在这个就是我在整本书里都经常提到的每天指南。我知道看书里面怎么清洁比真正清洁有趣得多，所以这个附录就是为了陪伴你未来四周的工作。你完全可以忽略这个附录，直接在今晚睡前实行正文里的每项策略。但如果你想到要真正开始就觉得压力很大，那就完成下面第一天的任务吧。然后第二天再接再厉，到这周结束，我想你会很惊讶，每天重复那些简单得荒谬的动作竟然给你家带来了那么大的改变。

第 ① 天

洗碗。

就是这么简单。不是什么高科技，所以去开始吧。

不要担心——即使这意味着你要开六次洗碗机并且手洗家里的每个煮锅和煎锅（因为它们都脏了），你也不是个例，或者即使你要先跑去超市买洗洁精，因为你之前三次去都忘记买了，也没事。

你能做到的，所以去吧。

明天见！

第 ② 天

所以，昨天家里的餐具全部都洗干净了是什么感觉？奇怪？

注意到我用了"昨天"这个词吗？我问"昨天"你有什么感觉是因为我打赌有些你洗过的餐具现在又脏了。

太烦人了，对吧？我家也是这样，就是"又该吃饭了，我得用叉子了"这种感觉。

准备好迎接第二天的重大任务了吗？

把碗再洗一遍。

就这么简单。

我说真的。

第 ③ 天

能猜到今天的任务是什么吗?

没错,就是洗碗。

在你开始之前我们先来聊 1 分钟。第一天洗碗你花了多长时间? 昨天多长时间? 有差别吗?

今天我再加一件事。差不多一样的事情,但又不太一样。

第一部分:现在马上洗碗,就是等你一读完这页就去洗。

第二部分:今晚睡前把碗洗了。

我知道,一天洗两次碗像是有洁癖的怪胎才会做的事情,但你读我的书是因为你想要希望。显而易见,你家的状况让你有点儿绝望。

算是我送你的礼物,你不用把碗收拾好。就只要让手洗好的碗筷自然风干或者把洗好的碗筷留在洗碗机里就行,明天再说。

第 ④ 天

你已经连着三天把碗洗干净了! 这是你可以引以为豪的事情!

今天,你有两个任务,都跟洗碗有关,但需要在不同时间做,我还会提前把明天的任务也告诉你。

现在:去把昨晚风干的碗筷收拾好。

今晚:睡前把碗洗了。

明天早上(一起床就做):把今晚洗的碗筷收拾好。

第 ⑤ 天

今天早上有没有把碗筷收拾好？有的话，去看看你厨房的样子。跟第 1 天开始之前对比一下，有什么不同吗？

你的目标是：这个"洗碗之后"的厨房现在对你来说应该是常态，我希望你能习惯它现在的样子，而这个样子不应该是个特例——只出现在你要开派对的时候，它也不会只出现在别人家，它是你家新的常态。等你的水槽里不再堆满摇摇欲坠的脏盘子后，挪动一件餐具都会带来改变。

这就是今天的任务。餐具一脏就马上放进洗碗机或者水槽里（如果你没有洗碗机）。一整天里，在你用餐具的时候，要意识到该怎么处理它。

改变你家的一个重要部分就是改变你自己的思维方式。之前你本能的做法并不奏效，因为其结果是一大堆脏碗堆在料理台上，看着就心烦，然后还得一整天不停地洗碗。

把一件餐具放进早上就清空了的洗碗机或者水槽里只需要大概 3 秒钟，但是，把 30 件餐具放进不知道清空了没有的洗碗机就得用超过 90 秒。

提醒你一下，我们还在培养第一个习惯，这个习惯叫作"洗碗"。谁知道会这么简单？谁知道它包括这么多步骤？

今天全天都要记得把用完的餐具及时放进水槽／洗碗机里。

今晚就把碗洗了。

明天早上把干净的碗收好！

第 ⑥ 天

　　如果你从周一开始这个流程，今天就是周六了。在这里，周六意味着没有清洁任务！太棒了。但如果你试图 / 急切想尝试一个新的任务，周六的自由快感可能会让你不知所措。

　　如果今天不是周六，那对你来说这可能是个特殊的没有任务的日子。或者你也在哀叹第 3 天就落下进度了，可能你吓得不知所措，担心这也许又是一次失败的尝试。

　　如果这是你的情况，深吸一口气……然后去洗碗。两天攒下的碗总比三天的容易搞定，三天的又会比一周的容易得多。

　　今天，就只专心。

把餐具收拾好。

把每只脏盘子及时放进水槽 / 洗碗机里。

睡前洗碗 / 把洗碗机开动。

第 ⑦ 天

　　这是你重燃希望的第一周的最后一天。

　　你能看到一点儿曙光了吗？如果没有，也没关系。就去享受你干净（一点儿）的厨房吧，让它激励你第二周接着努力。

　　因为第 7 天可能是周日（对你来说可能也只是另一个没有任务的日子），我想简要谈谈在这个过程中你遇到最大的阻碍可能是什么。

其他人。

具体来说，是住在房子里的其他人。

我最好的建议是什么？深吸一口气……然后去洗碗。

作为一个比你多几年经验的人，我可以告诉你他们还是有希望的。但现在的问题不在其他人，而是在于你。

你不能再一直焦虑他们在做什么或者不在做什么，或者什么让他们难受或者不让他们难受，你只要努力改变你自己的习惯就好。

他们在将来会慢慢改变的，但不要在第一周就期待这种改变。

所以，如果你心中又升起了熟悉的恐惧感，那种"我不能又这么认栽了"的感觉，那就让自己全心专注在洗碗上。

把干净的餐具收拾好。

全天坚持把用完的餐具马上放进水槽／洗碗机里。

晚上洗碗。

其中第二个步骤可能就是进行家里其他人会让你崩溃的部分。在没有任务的日子里，要不就是家里平时不在家的人都在（他们没有见过你把用完的餐具放进洗碗机），要不就是你在外面工作，暂时不用处理整天的脏盘子。如果白天家里人多，那脏盘子就会比人不在的时候更多，这是个事实。

我的建议是，让他们把自己的餐具放进水槽／洗碗机，前提是你每次吃完饭记得提醒他们。吃完饭让他们帮忙清理桌子是很正常的，而且还能帮你把新的习惯普及到全家。

如果你在家人刚开始看他们最喜欢的电影之后才想起来，那就自己去做吧。虽然这不符合良好教育方式的精神，但记住你培养习惯这件事只开始了 7 天，将来你总会建立一个环境好好培训孩子怎么做家务的。

第 ⑧ 天

我希望你已经对每天洗碗习以为常了。不好玩，但是习惯了。就是你的手会自动找到洗洁精在哪，也不用找 3 分钟才找到洗碗刷，同时我也希望（这才是主要的）你开始觉得洗一天量的碗并不是那么可怕。

如果你并不这样觉得，并且过去七天里有三天都不顺利，也没关系。接着洗碗就好，坚持到第二周，之后每天都得洗碗，如果你就只有能力完成这个……那就只做这个吧。

把干净的餐具收拾好。

全天坚持把用完的餐具马上放进水槽 / 洗碗机里。

我来猜想一下，我猜或许有几天你都不敢相信自己那么快就把碗洗干净了，于是你又去干了点疯狂的事情，比如把料理台或者餐桌擦了一遍。如果你没有，没关系。如果你真的这么干了，那就接着坚持，你能把洗碗的工作自然延续到擦桌子是件特别棒的事。

今天的新任务是什么？打扫厨房。

我允许你花大概一小时的时间来完成这个任务。懒人的现实就是扫地不仅仅是扫地，还包括把餐桌上掉下来的餐巾纸（上个月的）和（上几个）周日的报纸捡了，还得把上周买的菜收拾好，把装东西的塑料袋扔掉，还得把那些小的和不太小的玩具和冰箱上掉下来的字母磁贴收起来。

做完这些，你就能扫地了（还得先找到扫把）。

今晚，别忘了睡前把碗洗了。

第 ⑨ 天

今天早上走进厨房有感觉什么不同吗？没有随便乱放的餐具，地面也是干净的，我想肯定不一样了。

今天，做你昨天做过的事情就好。

早上把干净的餐具收起来。

打扫厨房。

全天坚持把用完的餐具马上放进水槽／洗碗机里。

睡前洗碗。

第 ⑩ 天

连续十天不用到处找一个干净的叉子了，感觉怎样？

把干净的餐具收好。

打扫厨房。

你能相信在连续打扫了三天厨房之后，你现在能这么快就把地扫完吗？你能相信仅在过去 24 小时内厨房地板上就积了这么多的尘土和垃圾吗?

到现在你已经专注收拾你的房子整整十天了!（即使不是连续十天！）

现实就是，生活很少连续十天不出意外。如果你突然意识到你已经两天想都没有想过家里的情况了（更别提刚开始的"每天洗碗和扫地"的习惯了），也没关系，只要深吸一口气——然后去洗碗。虽然你走往水槽时，可能觉得阻力使你的脚步逐渐沉重，但你会惊讶自己这么快又能回到正轨了。

洗完碗之后，拿起扫把扫地。虽然你扫扫中间的地面可能1分钟都用不到，但至少能让你明天回到正轨的工作时容易一点儿。

睡觉之前，再去把碗洗了。我知道今天洗了两次，但目标是为了让你找回节奏。

第  天

把干净的餐具收好。

打扫厨房。

把用完的餐具马上放进水槽 / 洗碗机里。

现在你开始习惯非灾难状态的厨房了，也感觉自己能继续坚持这些工作，你可能开始考虑我们是不是该动手做真正的清洁工作了。

我们暂时不会。

"28 天改变你的家"的目标是指导你培养四个能让你保持家居整洁和避免灾难状态的清洁习惯。跟"懒癌大脑"的想象相反，整天

虽然说了这些，但你还是可以去选择一项"活动"来做。现在你已经可以在较短时间内完成很多事情了（保持厨房基本干净），一天对你来说可能变长了。所以我允许你用多余的时间来跟孩子一起做饼干，或者清扫卫生间，或者选一个空间清理杂物。

如果你选择清理杂物，可以遵循我的可见性原则。找一个小的、非常显眼的空间来清理，这样你才比较有可能在发生让你分心的意外之前收拾完，而且每次经过这里的时候，你也会备受鼓舞。

睡觉之前，把碗洗了，把饭桌 / 料理台擦干净。

第  天

把干净的餐具收好。

擦干净料理台 / 餐桌。

打扫厨房。

你刚刚有没有说我狡猾？昨晚我随意给你加了擦餐桌 / 厨房料理台这个任务。随意是因为你可能已经每天都在做了，而洗碗的时候快速用已经湿了的洗碗布擦一下料理台是再自然不过的事情。

谁知道啊，对吧？

睡觉之前，把碗洗了。（并且擦一下料理台 / 餐桌。）

第 ⑬ 天

今天是周六吗？虽然可能不是，但我们还是来说说周六的事，因为周六是休息日。

我有好消息也有坏消息。

坏消息是，对于一个"懒癌患者"来说，休息日是不存在的。真的，对于每个负责理家的人来说这都是事实，虽然正常人不这么认为。

我们认为把碗放进水槽或者洗碗机是工作，我们认为做完特别的千层面之后擦擦料理台是工作。

正常人根本不会想到不把餐具放进水槽这件事，他们不用想就自动把料理台上溅出来的番茄酱擦掉了。

我们把那些溅出来的酱汁看作是对我们的个人打击，说明保持房子清洁这个事根本不可能。"我已经洗碗、擦桌子，甚至扫地干了一整个星期了，现在这些讨厌的番茄酱还来嘲笑我，因为我所有打扫房子的努力都白费了。什么都撑不了多久！"

现在，把那些酱汁擦了，你可以在你的内心里自嘲一番。但你注意到你擦掉酱汁只用了不到3秒钟吗？因为它们还没有结块。注意到其实就只脏了一片吗？而且不是整个台面都铺满了上周结成块的酱汁。

把你今天早上（可能）忘了收好的干净餐具收好，擦干净料理台和餐桌，打扫厨房，洗掉今天的碗。

第 ⑭ 天

把干净的餐具收好。

打扫厨房。

是的，即使今天是周日也得做，今天是没有清洁任务或者说至少没有别的任务的另一天。

你可能已经开始明白每个工作日都完成基本的日常清洁任务的必要性了，你甚至还同意了即使在没有工作的那天，也得想方设法完成这些任务，但有其他工作的那天怎么办？可能那天有特殊的事情要做。

星期天我得8:15出发去教堂，而我家人是9:00出发的，因为我得早点儿去参加音乐排练。在离开之前，我尽量先把孩子们的衣服准备好。我多数是周六晚就做好准备，但有时我得一边自己准备，一边匆匆忙忙把他们的鞋子、裤袜和领带搭配好。一早起来要清空洗碗机这件事，我在周日早上通常是想不起来的。

但在明白了清空洗碗机是必要步骤之后，我每个周日下午走进家里，看到厨房又乱成一团时的绝望会稍微减轻一点儿。厨房里的煎锅上放着脆皮肉桂卷，吃完早饭的餐桌上还零散放着一杯杯喝了一半的牛奶。

我知道我现在只需要……洗碗。

有一张清单告诉我至少要做的事情，这将意味着我能有个计划，而在有特殊事务的日子里，有张清单能帮不少忙。

今天找个时间把日常任务完成了。

把干净的餐具收好。

打扫厨房。

把用完的餐具马上放进水槽／洗碗机里。

还有，睡觉前，记得洗碗。

第 ⑮ 天

把干净的餐具收好并且擦干净料理台／餐桌。

打扫厨房。

全天坚持把用完的餐具马上放进水槽／洗碗机里。

今天是第三周了，是不是跃跃欲试想进展到厨房之外的区域？

先说一点儿个人经验做个警告／提醒：加点新的任务没有问题，比如刷马桶、吸尘或者清理杂物——只要你做完那些日常任务就行。

我们懒人都喜欢搞项目。我们都是有创造力的人，喜欢全心全意做完一件事并取得让人赞叹的效果。不幸的是，洗碗并不会有多少让人赞叹的效果。但记住：小事比大事更重要。不是一样重要，是更重要。

所以这周新的小事是什么？检查卫生间的杂物。

耶！我们终于进展到厨房之外了！其实还包括厨房，因为它还是每天的头号任务。但等你做完当天的厨房工作后，绕着房子走一圈，有意识地查看一下每个卫生间。今天，就忽略掉浴缸边上那圈水渍，忽略掉异味吧，只处理杂物就好。

脏内裤和地上散落的杂志，潮湿的毛巾和用完的厕纸卷，把这些东西捡起来，放回原位；把淋浴间底下六条用过的浴巾抽出来，扔进洗衣机里；铺平卷成一团的地毯，拉上浴帘。

现在清理洗手台面。把牙刷放回原位，拧上牙膏盖子，把泳池芭比放回它们主人的房间。

你这会儿可能会控制不住地擦一下台面。擦吧，但记住现在的工作只是收拾杂物。

去往下一个卫生间之前，先走出去再走进来。跟收拾前的差别明显吗？

今晚睡觉前，洗碗和擦料理台／餐桌。

第 ⑯ 天

把干净的餐具收好并且擦干净料理台／餐桌。

打扫厨房。

检查卫生间的杂物。

全天坚持把用完的餐具马上放进水槽／洗碗机里。

扫一眼每个卫生间，有没有惊讶于它们看着挺好的？比起昨天，它们看起来就像干净的一样，就是地上有一小件衣服……都不太能让你生气。牙刷不小心落在了洗手台上，有什么大不了的？

把衣服捡起来，把牙刷放回原位。

睡觉之前，洗碗。

第 17 天

把干净的餐具收好并且擦干净料理台 / 餐桌。

打扫厨房。

检查卫生间的杂物。

把用完的餐具马上放进水槽 / 洗碗机里。

你说真的？地上脏衣服变多了？

你家人都没有留意到卫生间比之前两天看着好十倍吗？他们没注意到自己那双脏袜子是破坏地面干净的罪魁祸首吗？

深吸一口气。

如果他们现在不在家，那就自己去把袜子捡了。但如果他们在家，就把他们叫进浴室，让他们把袜子捡起来，并且从现在开始每天都得这么做。当场的教育永远是最有效的。如果他们看着跟不认识你一样，也不要生气。记得第 15 天的时候卫生间是什么样子的吗？他们认为卫生间就该是那样的，他们觉得你可以容忍是因为你之前确实可以。

直到两天前。

有没有生气我没让你把袜子一直留在地上，所以等孩子们回家了再教育他们？我们都诚实点吧，因为很有可能你今晚就忘了让孩子们把它们捡起来了……然后你明天将要收拾地上足有两天量的衣服。

今晚，睡觉之前……洗碗。

第 ⑱ 天

把干净的餐具收起来。

打扫厨房。

把用完的餐具放进水槽 / 洗碗机。

检查卫生间的杂物。

你已经开始反抗了吗？

我们来聊聊。在往后几天，我会讨论一下你可能会反抗的几个原因（如果还没反抗，你就比我厉害）。

你没有时间。说真的，你有 X 个孩子，还在外面全职工作，或者在教堂有工作，或者有孩子过敏，你得自己从零开始给他们做吃的，或者你有比搞卫生更好（或至少更有趣）的事要做。

意想不到的事情总会发生，可能有几天你真的没时间在早上起来就把干净的餐具收好。但我猜，既然你在过去的 18 天里都把它们收好 18 次了，现在应该挺熟练了。你学会了如果一根手指套一个咖啡杯，你走一次就能把所有杯子都放进橱柜里。

叛逆的"懒癌大脑"不愿意接受的是：每天坚持这些工作意味着你在一点儿一点儿地做，你在节省时间。

记住你一开始为什么要读这个指南，因为你想改变你的家。不幸的是，改变并不是听起来那么模糊的。它不是天上的一块馅饼等着砸到你头上，而要你自己去争取，你在努力之后才能找到它。

但其实也没那么不幸。不幸的事情是你所不能控制的，而这件

237

事却在你的掌握之中。

现在去把碗洗了，把料理台和餐桌擦干净，睡觉之前搞定。

第 (19) 天

把干净的餐具收好。

打扫厨房。

检查卫生间的杂物。

把用完的餐具马上放进水槽/洗碗机里。

还在反抗？还是觉得昨天的"反抗演说"不针对你，所以有点儿沾沾自喜？

我这么说怎样？我不明白，因为我不了解你的生活。我只有三个孩子，而且是等到两个孩子上学之后才开始"懒癌疗程"的，我也没有"真正的"工作。博客写手？作家？随便吧。

可能你的丈夫很刻薄；可能你的孩子都是青少年，嘲笑你试图改变他们一直以来的生活方式；可能你是个单身妈妈，要做三份工作还交不起账单；可能你的婆婆住在隔壁，不打招呼就来你家，当着孩子的面对你说不好听的话；可能你有七胞胎；可能你在家教育孩子；可能你没有洗碗机，甚至连水槽都没有。

可能你得在河边石头上洗衣服。

我不知道你的特殊情况是什么，我不会装作每个人的生活都跟我一样，但我知道这四个习惯都是最基本的。

洗碗只是必须做的事情，即使"洗碗"意味着把比萨盒子和当成盘子用的厨房纸扔掉。

打扫厨房？我在第 8 天时说过，重点不是扫地，而是注意地面的状况，保证你在厨房里能做你要做的事情，而不会被绊倒。

检查卫生间的杂物？对于这些可见的杂物，要细心留意。如果你之前已经在好好做这件事了，可能有一两天里，你只用看一眼卫生间就行了。

这些事情都是必须做的，是最低要求。如果你想改变，你就要接受这点。这些不是你能拖到周六再做的事，而是每天都得做的事，在每个家里都一样。

我知道这很糟糕。

现在去洗碗吧。

第 ⑳ 天

我们来到 2 字头了，而且总共也就 28 天！（好吧，是这个指南有 28 天。往后可能还得有，大概 100 万天。）

把干净的餐具收好。

把用完的餐具放进水槽 / 洗碗机里。

打扫厨房。

检查卫生间的杂物。

今天是周六吗？好吧，去玩得开心点。

就是记得睡觉前把碗洗了。

第 21 天

什么？现在是周日下午3点，你还什么都没干？噢，你就只读到了昨天"去玩得开心点"那部分，没看后面的？

也没事。

现在去洗碗。

打扫厨房。

检查卫生间的杂物。

睡觉前再洗一次碗。

（明天就开始最后一周了！兴奋吗？）

第 22 天

今天是最后一周的第一天。你有注意到家里的任何变化吗？有没有利用空余出来的时间集中清理一下杂物？感觉到差别了吗？有别人注意到吗？

把干净的餐具收好。

打扫厨房。

检查卫生间的杂物。

做一次"5分钟收拣"。

啊对，这是本周的新习惯。你已经给厨房带来了切实的改变，厨房干净了，整个房子都感觉干净点儿了，对吧？卫生间没有杂物了让你每次……的时候，对吧，都感觉很好。

但房子的其他部分怎么办？可能卫生间地板上没有脏内裤了，但你在客厅还是会被东西绊倒。

花 5 分钟时间来把东西捡起来，哦，还得收好，并且在 5 分钟之内做完。

洗碗、打扫厨房地板、检查卫生间可能在第一天都得花额外的时间，但今天不要，你只需要 5 分钟。之前那些任务都是很具体的，而且有固定的区域。"收拾房子"却是有点儿模糊，要是要求你今天全都收拾完，这肯定会让你挫败得想哭，或者还会撕掉几页书。

看着表，或者设一个计时器，用 5 分钟时间来收拣东西。个人来说，我会从待的时间最长的房间开始。那对我们来说，就是起居室了。

因为这是你实行这个习惯的第一天，你可能得备个垃圾袋。就用 5 分钟时间把垃圾捡一下吧。

今晚睡觉之前洗碗哦。

第 23 天

把干净的餐具收好。

把用完的餐具马上放进水槽 / 洗碗机里。

打扫厨房。

检查卫生间的杂物。

做 5 分钟收拣。

这回还需要垃圾袋吗？如果不用，你可以试着用 5 分钟来收一下要捐出去的东西，一边走一边把它们扔进袋子或者箱子里，然后在 5 分钟结束前放到你的后备厢里。

今晚……洗碗，然后擦干净料理台和餐桌。

第 ㉔ 天

把干净的餐具收好。

全天坚持把用完的餐具马上放进水槽 / 洗碗机里。

打扫厨房。

检查卫生间的杂物。

做 5 分钟收拣。

看到坚持三天"5 分钟收拣"之后的变化有没有一点儿惊讶？加起来才一共 15 分钟哦。

啊，你很惊讶，但你不想承认，因为你又开始想反抗了。

你在想：你看，这位女士，检查卫生间、洗碗、打扫厨房这些都很好，但我家淋浴间的玻璃门已经有三年都看不清了，因为皂垢太厚了！我该什么时候清洁卫生间？嗯？

好吧，我就直接来回答这个问题：你想什么时候就什么时候。

现在怎样？等你洗完碗、打扫完厨房、检查完卫生间杂物和 5 分钟收拣之后马上做。

这就是为什么我一直抗拒写这个很多人都要求的"摆脱懒癌"

手册的原因。大家想要一个每步指南来实现自己梦想中的家，但梦想的问题就是你总要醒来，总会把衣服扔在卫生间地板上，总会用叉子。

去清洁卫生间吧，这也许会是你本周的大型清洁任务，反正你也不用洗过去一周攒下的碗了，是吧。

在我家，一周中的每天我都固定完成一项比较主要的清洁任务。周一洗衣服，周四拖厨房地板等，但我也是在"懒癌疗程"的第六个月之后才开始这么做的。在头六个月里，我都是随机清洁卫生间或者吸尘，但是我家还是比从前的状态好。

而且我还有希望。凭个人领悟和经验知识，我发现小的日常习惯才是关键。

所以，睡觉之前去洗碗，擦干净料理台和餐桌吧。

第 25 天

把干净的餐具收好。

全天坚持把用完的餐具马上放进水槽／洗碗机里。

打扫厨房。

检查卫生间的杂物。

做 5 分钟收拣。

现在你已经做了五天的"5 分钟收拣"了。也许今天你在头 2 分钟之内就能把显眼的东西收拾完了，你可能会疑惑地站在房间中央度过后面的 3 分钟。

如果你发现自己呆站着，马上甩甩头，专心处理看着不顺眼的东西，我们都知道你还没到开始分析壁炉上小雕像的审美价值的境界。找一下你看漏了的东西，可能双人沙发上盖着洗完没叠好的衣服，可能咖啡桌上有一堆纸，我把这些东西叫作"拖延杂物"。

用剩下的时间来收拾这些东西。叠衣服直到 5 分钟快结束，然后把衣服放好，放进它们各自的抽屉里等。

或者翻查一下咖啡桌上的纸，看看有没有可以扔掉的。

今晚，洗碗，擦料理台和餐桌。

第 26 天

把干净的餐具收好。

全天坚持把用完的餐具马上放进水槽 / 洗碗机里。

打扫厨房。

检查卫生间的杂物。

做 5 分钟收拣。

如果你又发现自己在收拾完起居室从昨天到今天的杂物之后，还剩下整整 3 分钟，那就接着做你昨天开始处理的事情。接着叠衣服，但是得留足够的时间在 5 分钟结束前把衣服收好。谁知道呢？你可能叠得太兴奋了而把沙发上的衣服都叠好了。

就是明天早上孩子们惊恐地发现干净衣服都不见了的时候，你得准备好安抚他们，并且把他们带去放衣服的抽屉那里。

说起你的家人，我要问一下：你家有人注意到了吗？如果他们注意到了……耶！如果他们没有，我很抱歉。我能感受到你的难过，我（在遥远的德州家里）明白你能坚持到第 26 天是多么了不起的事。

我知道你的沮丧是真实的。当没有人认真对待你为了改变家里付出的努力（何况是你取得的成功）时，你会想放弃。

不要让沮丧战胜你。坚持下去，坚持每天晚上洗碗，坚持检查卫生间的杂物。享受住在家里的舒适感觉。从你家人的享受中获得鼓励，即使他们没有意识到自己在享受。

如果意外发生了，证实了他们说的这个新方法没用，也只要回到第 1 天就好。因为现在你知道改变是可以触及的，只要你肯努力。

现在去洗碗，擦干净料理台和餐桌。

第  天

把干净的餐具收好。

把用完的餐具放进水槽或洗碗机里。

打扫厨房。

检查卫生间的杂物。

做 5 分钟收拣。

有没有生气花那 5 分钟时间来收拣别人的东西？如果你在忙这个的时候其他人都在家，那 5 分钟收拣就是一个能变成全家行动的最佳习惯。

如果你独自在家，那就让杂物慢慢变少的空间提醒你让他们回

家之后再做一次收拣。

说真的？两次收拣？为什么不等到大家一起做一次呢？

等是没有用的。可能听着很高尚，就像你很有耐心一样……但我们都知道这实际上是什么，是拖延。

直接去做吧，把他们的东西放进他们房间的门后，收拾孩子房间这个大项目都还没进入你的工作日程呢。如果他们抱怨，记住告诉他们，你希望他们能把自己的东西收拾好。

看到了吗？双赢。

今晚睡觉之前把碗洗了，把料理台和餐桌擦干净。

第 28 天

把干净的餐具收好。

把用完的餐具放进水槽 / 洗碗机里。

打扫厨房。

检查卫生间的杂物。

做 5 分钟收拣。

啊哈！搞定了！你已经坚持到第 28 天了！

好吧……除了今晚还得洗碗。哦，不对，明天早上第一件事是把那些碗收好，然后打扫厨房 / 检查卫生间的杂物 / 做 5 分钟收拣，必须的。

希望不是建立在你房子 28 天之后的状态上的，而是建立在知道每天该做什么来保持这种状态上。

我刚刚是不是戳破了你梦想的泡泡？

不好意思。

我开始写博客的时候，真的相信这是一个暂时的事情。我知道如果下定决心，我会赶走这个长期邋遢的毛病，写最后一篇题为"剧终"的日志，往后的日子就可以来写些比搞卫生有趣得多的事情……在我那个永远整洁的家里。

我已经改变了那个愿景，部分原因是我不再活在梦里，而是活在现实中。这有好处也有坏处，坏处是我意识到房子不可能神奇地变好，洗碗、扫地和收拾东西是没有尽头的。

好处是我有这些技巧。技巧是可以学习、磨炼、练习和提高的。万一因为太久不用而生疏了，也可以重新学习。

还有一个好消息！如果你在过去四周已经习惯了每天在脑子里听到我的声音，也不必担心我就此离开。你可以移步到 http://www.aslobcomesclean.com/manage，看看一个现实生活中的懒人每天在现实生活中的进展。

先提个醒，你打开网页的那天可能会发现我又弄得一团糟，厨房炉子上都是干掉的番茄酱。毕竟这样的日子总会发生。

但现在我知道了……得去洗碗。

现在你已经看完了，去开始你第 1 天的工作吧。

什么？你以为我不知道你会看完整本附录才去洗碗吗？我知道的。

好了，现在去洗碗吧。

致谢

我非常感谢在写书这个疯狂、揪心、难搞和好玩的过程中支持我的人们。

我性感又搞笑的老公，鲍勃：谢谢你让我大笑，也谢谢你嘲笑我。感谢你每天生活在我的"懒癌实验室"里，还仍然爱我。

我的孩子们，杰克逊、里德和普雷斯利：谢谢你们对这本书以及我做的所有疯狂事情的期待，虽然这只是一本关于搞卫生的书。是你们让生活变得既有趣又有意义。

我的妈妈和爸爸，佩姬和乔治：谢谢你们一贯的鼓励和支持，谢谢你们把湖边的小屋借给我，让我能不被打扰地写作。谢谢你们每天的帮助，愿意当我的第一个读者，允许我在任何时候公开地给你们做精神分析。

我的经纪人，杰西卡·柯克兰：谢谢你欣赏我的这则福音和独特的视角，并且有勇气让我的声音被感兴趣的人听到。

我的博客读者／战友：谢谢你们让我惊喜地看到我不是唯一这

样看待世界的人，并且让我相信我的东西是值得分享的。

我的博客助理，琳达·西尔斯：谢谢你鼓励我坚持下去，帮我分担了许多工作，而且在我写这本书的时候帮我经营博客。

帮我出谋划策的朋友：谢谢你们帮我集思广益、集中精力，并且保持清醒。

我的组稿编辑，黛比·维克怀尔：谢谢你看到我和我的话语的潜力，谢谢你愿意将这本"给懒人的福音"传播出去！

我的编辑，梅根·波特：谢谢你的编辑才能、你对这本书的期待以及你在整个过程中的鼓励。

托马斯尼尔森团队：你们的创意和专业素养使这本书最终得以成功出版！谢谢。

基姆罗宾斯摄影：谢谢你们给了我生命中这段最有趣的日子，可以在你们的摄影棚里对着镜头做好玩的表情！

我的"小白鼠"读者，阿丽亚·米勒姆：谢谢你提出并愿意花时间来读完我未经修改的第一稿。你滔滔不绝的鼓励让我在交稿前的最后几天得以有个安稳的睡眠。

上帝：谢谢你把我创造成现在这样，带我走上我从未想过会选择的旅程，然而这趟旅程比我原来设计的好太多了。

本书赞誉

"《极简主义：小房间住出大空间》是我读过的最有娱乐性的家居管理类书籍。我告诉我的丈夫，'我读一本关于搞卫生的书竟然没有睡着，这简直难以置信！'丹娜没有又长又臭地给读者罗列他们应该做什么，而是很幽默地帮你消除负疚感，告诉你一些简单、可行的步骤而让家里焕然一新。自从我用了丹娜的办法，我的房子变得更加干净、整洁，而且最重要的是，住起来也更加舒服。"

阿丽亚·米勒姆
作家，著有《从零开始准备饭菜》

"虽然生活如此沉重，想到要读这样一本书就觉得心累，但我还是读了，而且一拍即合。以前搞卫生这件事情跟我并不合拍，但我现在每天都在重复同样的小任务。我发现房子更加干净了，且我也不用老想着做家务这件事情。虽说我还有很多要努力，但这个改变还是让我好兴奋，我对未来充满信心！"

丽莎·汤森
博主，"欢乐之家"

"这本书对理家的视角简直搞笑、实用，又诚实得残忍……丹娜解构了我们对打扫和整理的幻想，同时又给出了实用而中肯的建议和提点，这本书简直是所有因家里卫生问题而头疼的人的必备法宝。你会一遍遍地重读她的话和技巧的。"

艾琳·切丝
作家，著有《妈妈们的5美元晚餐菜谱》系列、《四个脏男孩的妈妈》

"我们都诚实点吧：看书里怎么打扫和整理比实际的打扫和整理有趣多了。我本来都准备好了去阅读、享受丹娜的书，完了马上忘掉，但是当我真正开始读，神奇的事情发生了。看到第10页的时候我合上了书去清洁了我的厨房……然后我一直读到了80页，我又放下了书开始洗衣服……一本书真的能让人行动起来吗？一个作者真的能给出实用的方法让我变身家务达人吗？是的，是的！想到丹娜对我和我的家庭的再造之恩，我都要哭了。"

阿曼达
来自密苏里独立城七个孩子的妈妈和家教

"这本书简直就是丹娜为我写的！你都不知道我找了多少

方法来解决我的家务烦恼。我也曾经天真地以为搞完一次大清洁之后房子就会永远干净……作为一个曾被警察误以为房子被洗劫过（其实并没有）的人，我需要有人明白是什么能让我真正动起来。丹娜的这本书一如既往的幽默、实用，有时还诚实得残忍。谢谢你如此诚恳和现实！"

安吉·考夫曼
博主，"真实的家庭生活"

"这本书和其他整理类书籍不一样。丹娜让像我这样邋遢的垃圾收藏者和拖延症患者明白怎么能把家里的杂物收拾好。她没有摆出一副'老子都懂'的整理达人的姿态，而是以一个过来人的身份分享经验。如果你准备好了重新训练你的大脑，开始'懒癌疗程'（丹娜的用词），那么这本书就是为你写的。"

莎拉·罗宾逊
博主，"不务正业的莎拉"

"我喜欢丹娜用一种平易、同情和幽默的方式来讨论做不完的家务这种世界性难题！我不仅吸收了好的建议（特别喜欢'收纳法则'和'从简单做起！'），也更好地理解了被我标为懒癌的家人以及怎么更好地跟他们沟通（提示：不要让他们干更多活儿了！）。"

詹米男孩
博主，"俄勒冈小木屋"

"这本书的很多内容都充满洞见、幽默，而且不会过时。我尤其喜欢'拖延杂物'这个词，因为我家里全是这些！这本书让我们客观地看待家里的每个房间、抽屉和架子。我在写这些话的时候，家里的碗碟都摆放好了，厨房也很干净。这样开始新的一天真是太爽了。"

詹尼特·邓拉普
专职家政、准备当空巢老人的六个孩子的妈妈

"为了保持房子整洁我读了市面上的每一本畅销书。我可以区分家里的东西和我真正喜欢的东西，我用过所有'怎么做'的清单和问题来帮助自己决定哪些不必要的东西可以扔掉。虽然它们都有可取之处，但都没能让我的房子发生真正的变化——直到我读了《极简主义：小房间住出大空间》这本书。'收纳概念'就像天雷一样砸中了我。"

斯塔芬尼
来自华盛顿肯特的家庭主妇、三个孩子的妈妈

"终于，我们真正需要的整理类书籍来了！书写得很简单、幽默，连我们这种脑回路过于曲折的人都能明白并执行……丹娜以一位女性的心态一步步地引导你，作为过来人，她也曾经经历过你现在纠结的问题。真的，如果你想明白那些整理达人的秘密，就必须读这本书。"

金伯利·斯托克斯
博主，"一位平和的妈妈"

"啊，丹娜，你是我家墙上的苍蝇吗？读这本书真是太提神了，我在每一页都仿佛看到了自己……《极简主义：小房间住出大空间》充满了实用的智慧。如果你需要为你的家务烦恼寻找解药，那么这就是一剂良药，因为它充满了幽默、实战经验和正解。丹娜的方法会给你动力，让你改变看待自己家的视角。从此以后，你说不定能真正感受到自己是房子的主人！"

阿玛达

来自明尼苏达州明尼阿波利斯的专职歌手、

家庭主妇、五个孩子的妈妈

"当别人叫我读一本关于打扫和收纳的书时，我是犹豫的。我已经感觉自己是个失败者了，难道还要让我去读一本充满技巧和小聪明的书而让自己感觉更糟糕吗？但读了第一页，我就安心了。只洗碗真的可以吗？真的吗？我没有了平时那种想一把火把房子烧了然后重新来过的冲动。相反，这本书给了我希望！单单附录就值得买了。我想把它打印出来然后作为人生宝典贴在我家墙上。"

安吉拉

来自北卡罗来纳教堂山的音乐和表演指导、全职妈妈

"我一边笑一边把房子收拾得（更）干净了！《极简主义：小房间住出大空间》不只是在兜售另外一种如同打了一针鸡血然后慢慢失效的整理方式。丹娜揭露了为什么大多数

整理类书籍的把戏会失败，并给了我们实际又可及的希望！能改变思路、客观看待整理房子这件事情就已经迈出持续改变的第一步了。这是我读过的第一本不是由天生有条理的人写的家居整理书籍。我爱它。书里没有偏见，没有居高临下的态度，只有很多很多切实可行的帮助，还有幽默和希望。"

谢尔比
来自华盛顿州门罗的企业家、五个孩子的妈妈

"这是我读过的最有用、最好玩的一本家务管理的书！我喜欢从另一个懒癌患者那里获取打扫卫生的建议。丹娜的收纳技巧正是我整理自己的空间所需要的。我住在一个小公寓里，已经把自己埋在杂物中了。用了她的策略，我的生活简化了不少。"

帕特里夏
来自内华达里诺的高中数学老师、兼职研究生

"赞美主吧，然后给我递一下洗碗布！终于，有本书是为我这样的懒人写的，里面常识性的方法让我觉得：'嘿，说不定我也能做到。'作者用幽默和谦虚的口吻娓娓道来。这本书摆出了家居卫生的基本事实，但又不会让人觉得自己之前没那么做很蠢。"

伊迪斯
来自密西西比州克林顿国家银行的首席开发总监、
一个孩子的妈妈、重度焦虑症患者

"即使这本书是为那些理家困难的人而写的，我还是觉得它对一般无法协调手上所有事情的人来说很有用。如果你在为战胜自己寻找实用、没有废话的建议，那么你需要读这本书。房子永远不会自己变干净的，但丹娜直白的写法会帮你用意想不到的方式搞定家务。忘了那些15个点的清单和家务列表吧——丹娜一刀切中了懒癌的问题核心，并帮你一次性地解决它们。"

托尼·安德森
博主，"快乐的家庭主妇"

　　"搞卫生是最糟糕的。但丹娜·怀特呢？她是最棒的！尤其是在帮助我把洗碗机里的碗都清空的时候。这本书令人振奋，充满启发，但又平易近人，因为丹娜开诚布公地分享了她自己的困难和痛苦。而我最喜欢的部分是什么？是里面的幽默。丹娜让人发笑的幽默，让我把她说的话都当真。我可能还是讨厌搞卫生，但我真的喜欢这本书以及它给我家带来的改变。"

玛丽·卡弗
合著作者，《选择欢乐》

东西变少是一件美好的事。

享讀者

WONDERLAND